Excel大百科全书

Excel自动化
Power Query
智能化数据清洗与数据建模

韩小良◎著

中国水利水电出版社
www.waterpub.com.cn
·北京·

内容简介

　　《Excel自动化 Power Query智能化数据清洗与数据建模》主要讲解如何将原始数据变为自动化报表,结合大量的实际案例,以期让普通的Excel用户能够快速掌握Power Query的核心知识,从而将其有效地应用到实际工作中,提升工作效率。本书介绍了Power Query在数据清洗加工和自动化数据分析建模的各种实际应用,包括数据清洗加工的各种实际应用案例、表格结构转换、表格数据整理、财务分析建模、销售分析建模、人力资源分析建模等经典案例。

　　《Excel自动化 Power Query智能化数据清洗与数据建模》适合具有Excel基础知识,经常处理大量数据的各类人员阅读。也可作为大、中专院校及经济类本科、研究生和MBA学员的教材,还可作为培训机构的教学参考用书。

图书在版编目(CIP)数据

Excel自动化 Power Query智能化数据清洗与数据建模/
韩小良著. —北京:中国水利水电出版社,2021.1
　ISBN 978-7-5170-8911-7

　Ⅰ.①E… Ⅱ.①韩… Ⅲ.①表处理软件 Ⅳ.
①TP391.13

　中国版本图书馆CIP数据核字(2020)第185169号

书　　名	Excel自动化 Power Query 智能化数据清洗与数据建模 Excel ZIDONGHUA Power Query ZHINENGHUA SHUJU QINGXI YU SHUJU JIANMO
作　　者	韩小良　著
出版发行	中国水利水电出版社 （北京市海淀区玉渊潭南路 1 号 D 座　100038） 网址:www.waterpub.com.cn E-mail:zhiboshangshu@163.com 电话:(010)62572966-2205/2266/2201(营销中心)
经　　售	北京科水图书销售中心(零售) 电话:(010)88383994、63202643、68545874 全国各地新华书店和相关出版物销售网点
排　　版	北京智博尚书文化传媒有限公司
印　　刷	河北华商印刷有限公司
规　　格	180mm×210mm　24 开本　11.25 印张　369 千字　1 插页
版　　次	2021 年 1 月第 1 版　2021 年 1 月第 1 次印刷
印　　数	0001—5000 册
定　　价	59.80 元

凡购买我社图书,如有缺页、倒页、脱页的,本社营销中心负责调换

Preface 前言

数据分析越来越受到企业的重视，很多企业也在努力地开发商业智能（BI），构建自动化数据分析模型，但对于大多数企业来说，开发 BI 显得太高大上了。更多企业面临的问题是，如何解决从系统导出数据的二次加工和深度分析问题。

不论是从系统导出的数据，还是手工制作的表单，都需要进行烦琐的二次整理加工，而这种整理加工又特别耗时耗精力，甚至有些问题使用普通的 Excel 工具也非常麻烦，更谈不上构建一个高效自动化的数据分析模型了。

Excel 2016 的面世，将 Excel 的数据处理与数据分析提升到了一个新高度。无论是一个工作簿的多个工作表，还是多个工作簿的多个工作表；无论是打开的工作簿，还是没有打开的工作簿；无论是工作簿数据，还是从系统导出的数据库数据，诸如此类的大量数据整理加工、汇总和分析，在 Excel 2016 的新工具 Power Query 面前，已经不再是一件令人焦虑的事情了。你需要做的仅仅是动动鼠标，用几个简单的命令，按照可视化的向导步骤一步步地操作，即可快速完成数据的清洗加工，并建立自动化的数据分析模型。

本书主要介绍如何使用 Power Query 快速整理加工数据，如何根据不同的数据来源建立自动化的数据模型。

本书共分为 6 章，结合大量的实际案例，介绍 Power Query 在数据清洗加工和自动化数据分析建模中的各种实际应用。前 3 章主要介绍数据清洗加工的各种实际应用案例，后 3 章分别介绍财务数据分析建模、销售数据分析建模和人力资源数据分析建模的经典案例。

本书针对的是 Excel 2016 以上版本，所有案例都在这样的版本中测试完成。

本书的编写得到了朋友和家人的支持和帮助，在此表示衷心的感谢！

中国水利水电出版社的刘利民老师和秦甲老师也给予了很多帮助和支持，使得本书能够顺利出版，在此表示衷心的感谢。

由于水平有限，作者虽尽责尽力，以期本书能够满足更多人的需求，但书中难免有疏漏之处，敬请读者批评指正，我们会在适当的时间进行修订和补充，欢迎加入 QQ 群一起交流，QQ 群号 676696308。

韩小良

Contents 目 录

第①章　最耗时间的数据清洗和重复计算 ▶▶▶

第②章　转换表格结构 ▶▶▶

第③章　整理表格数据 ▶▶▶▶

第④章　财务数据分析建模　▶▶▶

第5章 销售数据分析建模

第6章 人力资源数据分析建模

最耗时间的数据清洗和重复计算

Excel

千里之行，始于足下，这是亘古不变的真理。

不论是公开课，还是企业内训和项目咨询，或者是网络课程的交流，笔者经常遇到这样的情况：学员拿着一张乱表，询问如何快速制作设计公式、如何制作自动化的分析报告。

1.1 表格数据不规范是数据分析的大敌

以 Word 思维来使用 Excel 的人不在少数。有的人自认为会用 Excel 却总是设计出大量的垃圾表格，有的人根本就把 Excel 规则扔在一边而随心所欲地设计表格，有的人认为 Excel 很简单却把 Excel 表格设计成了带边框的 Word 表等，不一而足。

1.1.1 不规范表格徒耗大量精力和时间

图 1-1 是一个典型的数据不规范表格，现在要制作每个月的人力资源月报，分析各个维度的人数分布，结果则是不断在这个表格中筛选数据，数单元格个数，浪费了大把的时间。

序号	部门	职务	姓名	性别	工号	进公司时间			出生年月日	籍贯	学历情况				政治面貌	入党（团）时间	技术职称	
						年	月	日			学历	毕业时间	毕业学校	所学专业			职称	取得时间
1	公司总部	总经理	王巍木	男	100001	2008	8	1	660805	北京市	硕士	2008年6月	中欧国际工商学院	工商管理	党员	1985年4月	高级工程师	2001-12-14
2	公司总部	党委副书记	丛赫敏	女	100002	2004	7	1	570103	北京市	大专	1996年12月	中央党校函授学院	行政管理	党员	1988年6月	政工师	
3	公司总部	副总经理	白留洋	男	100003	2004	8	1	630519	广州番禺	本科	1984年7月	南京工学院土木工程系	道路工程	党员	2000年8月	高级工程师	1999-8-20
4	公司总部	副总经理	张丽莉	女	100004	2007	1	12	680723	福建厦门	本科	1990年6月	南京林业大学机械工程系	汽车运用工程		1998年9月	高级工程师	2007-7-28
5	公司总部	总助兼经理	蔡晓宇	男	110001	2007	4	17	720424	湖北仙桃	本科	2006年6月	工程兵指挥学院	经济管理				
6	公司总部	副经理	祁正人	男	110002	2009	1	1	750817	湖北武汉	本科	2000年7月	西南政法大学	法学	党员	1999-12-28	助理经济师	2001-3-1
7	公司总部	业务主管	孟欣然	男	110003	2004	10	1	780119	江苏南京	本科	2005年12月	中共中央党校函授学院	经济管理				
8	公司总部	科员	毛利民	男	110004	2005	4	1	820812	江苏无锡	本科	2005年9月	苏州大学文正学院	新闻学				
9	公司总部	科员	马一晨	女	110005	2006	7	10	831227	江苏苏州	本科	2006年6月	苏州大学文正学院	汉语言文学	党员	2005年11月	助理政工师	2008-7-21
10	公司总部	科员	王浩忌	女	110006	2007	5	1	730212	北京市	本科	1998年12月	中共中央党校函授学院	经济管理				
11	公司总部	科员	刘晓晨	女	110007	2008	8	26	650522	上海市	本科	2008年7月	江苏教育学院	广播电视编导				
12	公司总部	办事员	刘滦峰	男	110008	2004	10	28	631204	上海市	本科	2007年12月	中共中央党校函授学院	法律	党员	2007-6-25		
13	公司总部	办事员	刘滦北	女	110009	2005	9	8	831227	浙江金华	本科	2005年4月	工商管理学院	工商管理				
14	公司总部	经理	吴雨平	男	120001	2004	7	1	570906	浙江金华	大专	1991年6月	南京大学国际商学院	企业管理	党员	1980年11月	助理经济师	1995-12-19
15	公司总部	副经理	王浩忌	男	120002	2004	9	1	621209	河北保定	本科	1997年12月	中共中央党校函授学院	经济管理	党员	1991年1月	工程师	1993-9-1

图 1-1 带边框的"Word 表"

这个表格最大的问题是：表不表，数不数，不仅有大量的合并单元格，其中的数据也极其不规范。例如，出生日期数据不正确，进公司时间输入成了年月日三个数；信息主次不分，一些辅助数据也保存在了这样的表格中。

员工花名册是保存员工重要信息数据的表格，但在企业人力资源管理中，并不是每个数据都需要分析。应当把这个表格的数据分成两个表格来管理：基本信息和辅助信息。

基本信息，即员工的重要信息数据，是为企业人力资源管理服务的，包括工号、姓名、部门、职务、身份证号码、性别、出生日期、年龄、进公司日期、司龄、学历、专业等。

辅助信息，即员工的一些其他信息，仅仅是一个信息备存，例如毕业院校、毕业时间、政治面貌、入党（团）时间、技术职称及其取得时间、家庭地址、联系电话等。

两个表格的信息数据，依据每个员工的工号和姓名进行关联。

图 1-2 是员工基本信息表单的结构设计。

	A	B	C	D	E	F	G	H	I	J	K
1	工号	部门	姓名	性别	出生日期	年龄	职务	进公司时间	司龄	学历	所学专业
2	100001	公司总部	王嘉木	男	1966-8-5	51	总经理	2008-8-1	9	硕士	工商管理
3	100002	公司总部	丛赫敏	女	1957-1-3	61	党委副书记	2004-7-1	13	大专	行政管理
4	100003	公司总部	白留洋	男	1963-5-19	54	副总经理	2004-7-1	13	本科	道路工程
5	100004	公司总部	张丽莉	男	1968-7-23	49	副总经理	2007-1-12	11	本科	汽车运用工程
6	110001	公司总部	蔡晓宇	男	1972-4-24	46	总助兼经理	2007-4-17	11	本科	经济管理
7	110002	公司总部	祁正人	男	1975-8-17	42	副经理	2009-1-1	9	本科	法学
8	110003	公司总部	孟欣然	男	1978-1-19	40	业务主管	2004-10-1	13	本科	经济管理
9	110004	公司总部	毛利民	女	1982-8-12	35	科员	2005-8-1	12	本科	新闻学
10	110005	公司总部	马一晨	女	1983-12-27	34	科员	2006-7-10	11	本科	汉语言文学
11	110006	公司总部	王浩忌	女	1973-2-12	45	科员	2007-5-1	11	本科	经济管理
12	110007	公司总部	刘晓晨	女	1985-5-22	32	科员	2008-8-26	9	本科	广播电视编导
13	110008	公司总部	刘颂峙	女	1963-12-4	54	办事员	2004-10-28	13	本科	法律
14	110009	公司总部	刘冀北	女	1983-1-27	35	办事员	2005-9-8	12	本科	工商管理
15	120001	公司总部	吴雨平	男	1957-9-6	60	经理	2004-7-1	13	大专	企业管理
16	120002	公司总部	王浩忌	女	1962-12-9	55	副经理	2004-9-1	13	本科	经济管理

图 1-2　标准规范的员工基本信息表单

图 1-3 是另外一种表格，这个表格是完全把 Excel 当成了 Word 来使用，这张表究竟如何之乱，这里就不再赘述，感兴趣的读者可以自己放大图表，慢慢阅读。

	A	B	C	D	E	F	G	H	I	J	K	L	M	N	O	P	Q	R	S	T	U	V	W	X	Y	Z	AA	AB	A
1															乌煤2019年6月份沙石方单车结算单														
2																													
3	设备名称	401电铲			402电铲					403电铲		设备名称	405电铲		设备名称	406电铲		设备名称									408电铲		
4	平盘位置	405区			302区		112区			321区		平盘位置	201区		平盘位置	405区		平盘位置	302区		112区		201区		405区		489区		
5	运 距(m)	800			800		800			1100		运 距(m)	1100		运 距(m)	500		运 距(m)	1450		800		1500		2500		1750		
6	爬 高(m)	0			32		32			32		爬 高(m)	27		爬 高(m)	0		爬 高(m)	81		0		0		23		30		
7	单车方量(m³/车)	14.5			11.5		11.5			11.5		单车方量(m³/车)	11.6		单车方量(m³/车)	11.55		单车方量(m³/车)	11.55		14.5		14.5		14.5		14.5		
8	车 号		方 量	车 号	车 数	方 量	车 数	方 量	车 号	车 数	方 量	车 号	车 数	方 量	车 号		方 量	车 号	车 数	方 量	车 数	方 量	车 数	方 量	车 数	方 量	车 数	方 量	车
9	E262		43.50	E188		17.25			E010	1.00	17.25	E232	2.00	34.80	E125		17.33	E252	3.00	51.98									
10	E252		87.00	E198		17.25			合计	1.00	17.25	合计	2.00	34.80	E127		34.65	E253					4.00	87.00					
11	E257		43.50	E209		17.25									E129		17.33	E256	1.00	17.33	2.00	43.50							
12	E249		21.75	E557			1.00	17.25							E124		17.33	E259			1.00	21.75							
13	E261		21.75												E138		17.33	E264							1.00	21.75			
14	C268		37.70															E265			1.00	21.75							
15																		E242							1.00	21.75			
16																		E246	1.00	17.33	3.00	65.25	3.00	65.25	2.00	43.50			
17																		E248	1.00	17.33	2.00	43.50	3.00	65.25					
18																		E435											
19																		E442											
20																		合计	6.00	103.97	9.00	195.75	10.00	217.50	4.00	87.00			
21																		G313	2.00	40.89	1.00	25.67	2.00	51.33					3.
22																		G314											2.
23																		G315											3.

图 1-3　把结算表当成了基础表单

如上这样的表格居然很多人每天都在耐心地使用，结果是大量的宝贵时间浪费在了数据的筛选统计上，浪费在了手工计算上，谈不上数据的高效计算，更谈不上如何构建一个自动化的数据分析模型，实现数据的自动跟踪分析。

在现实工作中，各种各样的不规范的表俯拾皆是，那么如何整理并清洗这样的表是摆在数据管理者和数据分析者面前的一个重要而又繁重的任务。

1.1.2 每个月都做相同的烦琐计算，效率低下

即使是一张还算说得过去的表格，在进行统计汇总分析时，很多人也是不厌其烦地在做相同的重复计算，其实仅仅是数字变化了而已。这种计算时时有，却不去思考如何建立一个自动化汇总分析模板，把自己解放出来。

图 1-4 和图 1-5 是这样一个例子，每个月收集到各个店铺上报的月报表，分别保存为各个店铺的工作簿，并保存在一个文件夹里，每个工作簿的工作表就是截止当月的以前所有月份的经营数据。

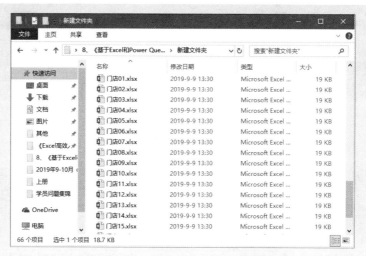

图 1-4 保存在文件夹里的各个店铺工作簿

图 1-5 某个店铺工作簿中各个月的经营数据

我们每个月都会收到各门店更新后的工作簿，每个工作簿的月份工作表也在增加，那么，作为总部的数据分析人员，你是否会像普通人那样，打开每个工作簿，复制粘贴，然后做数据透视表，对每个店铺的经营绩效进行分析？还是使用 VBA+SQL 编写代码来努力实现数据处理的自动化？或者是使用函数公式、Power 工具来建立更加高效的数据模型？

其实，现在 Excel 技术的发展远远超过了我们的想象。例如，新函数 XLOOKUP 已经远优于普通 VLOOKUP 函数，而智能化数据处理工具 Power 实在是颠覆了人们的认识：建立数据模型如此简单，只需几步操作，就能快速完成数据分析。

1.1.3　如何才能进行高效数据分析

为了实现高效数据分析，基础表格数据需要实现真正的规范化、标准化，这表现在两方面。
◎ 表格结构标准化
◎ 表格数据规范化

无论是表格结构的不规范问题，还是表格数据的不规范问题，除了手工设计的表格外，从系统导出的数据也存在诸多问题，这些问题处理起来非常麻烦，往往要耗费大量的时间，对此，我们必须予以足够的重视。

下面我们对表格结构和数据两方面的主要问题予以简单说明。

1.2　表格不规范的常见情况

表格不规范带来的危害是巨大的，不仅会造成数据处理效率低下，更严重的是数据管理混乱、流动不畅、无法及时跟踪与分析。犹如一个人，健康的时候满面红光、气血畅通、精神抖擞，但现状却是面容憔悴、面黄肌瘦。

1.2.1　表格结构不规范

从表格结构来说，不规范之处主要有以下 6 个方面。
◎ 表格大而全
◎ 合并单元格
◎ 不同类型的数据保存在同一列
◎ 不必要的大量小计行
◎ 不必要的计算列

◎ 二维表格

1. 表格大而全

大而全的表格是很多人设计表格的通病，主要表现如下。

（1）把不同业务数据保存在一个工作表中。

（2）把主要信息与辅助信息保存在一个工作表中。

（3）同一个业务数据没有按照时间序列做合理布局。

图 1-6 就是一个将不同业务数据保存在一个工作表中的例子，合同信息、发票信息、付款信息都被保存在了一个工作表中。

图 1-6　不同业务数据被保存到了一个工作表中

正确的做法是，将合同信息、发票信息和付款信息分别保存在三个工作表中，这三个工作表通过合同号相关联，这样可以建立一个合同执行情况跟踪模型。

图 1-7 就是主要信息和次要信息都被保存在一个工作表中的例子。对企业人力资源数据管理来说，家庭背景、党团员背景、证书背景等并不是最重要的信息，因此这些信息可以保存到另外一个工作表中，而主表只保存员工的重要基本信息。

当业务数据比较复杂，又要按月度跟踪分析数据时，最好按月保存数据，也就是说，每个月有一张工作表，保存该月的数据。

然而，在实际工作中，将所有月份数据保存在一个工作表中的处理情况也是很多的，如图 1-7 所示，预算数和执行数及相应的差异计算结果都保存到了一个工作表中。实际上，这种表格不能称为基础数据表单，而仅仅是一个决算表，是从基础表单汇总计算得到的。

指标	1月				2月				3月				4月			
	预算数	执行数	差异额	差异率(%)	预算数	执行数	差异额	差异率(%)	预算数	执行数	差异额	差异率(%)	预算数	执行数	差异额	差异率(%)
办公费	1,016.66		-1016.66	-100.00	1,016.66		-1016.66	-100.00	1,016.66		-1016.66	-100.00	5083.31	120.00	-4963.31	-97.6
差旅费	14,666.66	3,330.50	-11336.16	-77.29	14,666.66	1,358.00	-13308.66	-90.74	14,666.66	8,821.90	-5844.76	-39.85	73333.31	22028.40	-51304.91	-69.9
车辆费																
加油费																
维修费																
过路过桥费																
保险费																
其他费用																
业务招待费	15,833.34	1,839.00	-13994.34	-88.39	15,833.34	3,229.00	-12604.34	-79.61	15,833.34	445.00	-15388.34	-97.19	79166.69	9099.00	-70067.69	-88.5
小计	31516.66	5169.50			31516.66	4587.00			31516.66	9266.90	-22249.76	-70.60	157583.31	31247.40	-126335.91	-80.1
工资	79,637.14	76,976.56	-2660.58	-3.34	79,637.14	63,769.00	-15868.14	-19.93	79,637.14	69,317.58	-10319.56	-12.96	398185.70	365817.33	-32368.37	-8.1
奖金																
福利费																
职工教育经费																
工作餐	2,500.00		-2500.00	-100.00	2,500.00	4,427.00	1927.00	77.08	2,500.00	3,852.00	1352.00	54.08	12500.00	12110.00	-390.00	-3.1
社会保险费																

图 1-7　预算数和执行数及相应的差异计算结果都被保存到了一个工作表中

2. 合并单元格

合并单元格，尤其是有多行合并单元格标题，是最不能让人忍受的陋习。这种思维的产生，大多来源于错把报告结构当成表单结构，以至于在错误的道路上越陷越深，即无合并不成表。

当在标题行里存在合并单元格时，各列数据还有真正的标题吗？这样就谈不上建立一个高效自动化的数据分析模型。例如，当有合并单元格时，输入函数引用单元格区域时会出现问题，当创建数据透视表时，就会出现"字段名无效"的警告框。

3. 不同类型的数据保存在同一列

不同类型的数据保存在同一列的情况也是比较普遍的，例如，图 1-8 是手工建立的表单，其中姓名和金额写在了一个单元格（一列）中，此时，还如何进行自动化计算和统计分析？

	A	B
1	日期	摘要
2	2019-7-15	张三300，李梦欣490.23，李四1218.98
3	2019-7-15	王五1600
4	2019-7-16	刘换成186.59，何欣欣588
5	2019-7-17	皇甫明熙948.34，赵坤782.16，王五396，赵传雨1848.58
6	2019-7-19	刘大雅757.44，董海川4887.42
7	2019-7-19	Jack2050.48，李达858.41，CoCo942.13
8		

图 1-8　姓名和金额被写在了一个单元格（一列）中

即使是从系统导出的数据，这样的情况也很多。图 1-9 就是从系统导出的管理费用发生额表，费用项目和部门被保存在了同一列，结果在统计分析时，又不得不再将它们分成两列。

4. 不必要的大量小计行和小计列

在基础表单中增加小计行和小计列纯属画蛇添足，因为在制作统计分析报告时，我们做合计计算也是非常方便的。但是，如果在基础表单中存在大量的小计行和小计列，统计汇总分析时会造成重复计算，影响计算结果，增加数据维护的工作量。

图 1-10 就是这样的一个表格，每个部门下添加了一个小计数，在表格的顶部还有所有员工的总计数，并且是合并单元格标题。

	A	B	C
1	科目代码	科目名称	本期发生额
2	6602	管理费用	151,855.07
3	6602.4110	工资	76,653.29
4		[01]总经办	9,062.10
5		[02]人事行政部	12,842.06
6		[03]财务部	13,478.95
7		[04]采购部	9,828.39
8		[05]生产部	10,519.06
9		[06]信息部	12,485.52
10		[07]贸易部	8,437.21
11	6602.4140	个人所得税	3,985.42
12		[01]总经办	1,948.27
13		[02]人事行政部	633.58
14		[03]财务部	533.29
15		[04]采购部	165.55
16		[05]生产部	270.71
17		[06]信息部	195.06
18		[07]贸易部	238.96
19	6602.4150	养老金	3,614.50
20		[01]总经办	704.80

图 1-9　费用项目和部门被保存在了同一列

	A	B	C	D	E	F	G	H	I	J	K	L	M	N	O	P	Q	R	S
1	工号	姓名	性别	所属部门	级别	基本工资	岗位工资	工龄工资	住房补贴	交通补贴	医疗补助	奖金	病假扣款	事假扣款	迟到早退扣款	应发合计	住房公积金	养老保险	医疗保
2				总计		320429	48200	19080	31533	7440	5208	76050	2136	1749	1749	494471	28875.5	12430.4	310
3																			
4	0001	刘晓晨	男	办公室	1级	5350	1000	360	543	120	84	1570	0	0	0	9027	588.9	268.8	6
5	0002	石破天	男	办公室	5级	7125	800	270	655	120	84	955	41	2	79	9887	459.6	205.6	5
6	0003	蔡晓宇	女	办公室	3级	6824	800	210	435	120	84	1185	15	55	97	9491	424.6	176.8	4
7	0004	祁正人	男	办公室	1级	4790	800	210	543	120	84	985	32	55	10	7435	435.4	192.8	5
8	0005	张丽莉	女	办公室	4级	2000	800	150	234	120	84	970	0	60	0	4298	387	180	
9				合计		26089	4200	1200	2410	600	420	5665	88	172	186	40138	2295.5	1024	
10	0006	孟欣然	女	行政部	1级	4211	800	300	345	120	84	1000	60	83	0	6717	456.1	224	
11	0007	毛利民	男	行政部	1级	7480	600	420	255	120	84	1000	94	0	28	9837	369.1	161.6	4
12	0008	马一晨	男	行政部	6级	6267	1000	330	664	120	84	1385	71	95	0	9684	509.5	210.4	5
13	0009	王浩忌	男	行政部	5级	4758	1000	330	478	120	84	1400	90	48	12	8020	522.4	234.4	5
14	0010	王嘉木	男	行政部	6级	5982	600	300	645	120	84	1400	0	0	65	9066	486.1	192	5
15	0011	丛林敏	女	行政部	1级	6931	600	420	745	120	84	1400	0	0	100	10200	488.1	185.6	4
16	0012	白留洋	女	行政部	3级	2451	600	360	565	120	84	1400	0	0	0	5580	464.1	180.8	4
17				合计		38080	5200	2460	3697	840	588	8985	315	226	205	59104	3295.4	1388.8	34
18	0013	王玉成	男	财务部	4级	7906	600	390	577	120	84	1400	74	0	78	10925	468.3	183.2	4
19	0014	蔡齐豫	女	财务部	3级	2267	1000	360	543	120	84	1570	0	82	94	5768	588.9	268.8	6
20	0015	秦玉邦	男	财务部	4级	1695	600	270	655	120	84	955	0	16	0	4563	459.6	205.6	5
21	0016	马梓	女	财务部	1级	5590	800	210	435	120	84	1185	0	48	50	8326	424.6	176.8	4
22	0017	张慈安	女	财务部	4级	6978	800	210	543	120	84	985	31	94	0	9595	435.4	192.8	4
23	0018	李明	女	财务部	3级	6915	800	150	234	120	84	970	0	0	0	9273	387	180	
24				合计		31351	4800	1590	2987	720	504	7065	105	240	222	48450	2763.8	1207.2	30
25	0019	何欣	女	技术部	1级	7413	800	300	345	120	84	1000	51	58	0	9953	456.1	224	

图 1-10　小计行充斥表格

1.2.2　表格数据不规范

　　表格数据的不规范，主要是不区分三类数据，一方面是在手工建表时输入数据太随意；另一方面是从系统导出的数据格式也存在诸多问题，以至于无法正常计算。

　　数据不规范的常见问题如下。

　　◎ 文本前后中间不规范的空格

　　◎ 名称不统一

　　◎ 数字格式（文本型与数值型）

　　◎ 非法日期和非法时间

　　◎ 眼睛看不见的特殊字符

　　◎ 空单元格

1．文本前后中间不规范的空格

　　这是很多人常会犯的错误之一。例如，为了使名称看起来整齐，强制在名称之间添加空格，这样处理的结果是费力不讨好，影响数据处理分析。

2．名称不统一

　　这个问题在很多情况下会变得极为严重。例如，两个表格中的名称不一致，一个表里是"营销部（国际）"，另一个表里是"国际营销部"，实际上是一个部门；一个单元格输入了"人力资源部"，另一个单元格输入了"人事部"，还有的单元格输入了"HR"，这个三个名字都是指的同一个部门。

　　因为输入问题，导致名称不统一，更无法做出精确的数据统计分析了。

3．数字格式（文本型与数值型）

　　数字有两种保存格式：文本型数字和数值型数字，前者用于处理编码数字，例如身份证号码、材料编码、邮政编码、科目编码、电话号码、银行账号等，后者用于保存数量、金额之类的数据。

　　在很多情况下，从系统导出的数据，数字往往是文本格式，因此需要先进行转换。

　　如果在某列里保存两种格式类型的数字，则需要根据具体情况，要么处理为数值型数字，要么处理为文本型数字。

4．非法日期和非法时间

　　日期是序列号，是正整数。例如 2019 年 9 月 10 日就是正整数 43718，正因为日期是数字，才能进行计算。

时间也是数字，是小数，因此时间也是能够进行计算的。例如，**12:00:00** 就是小数 0.5。

但在很多情况下，看到的是诸如"2019.9.10"这样的日期，这种日期是违反规则的，并不能参与计算。

从系统导出的表格数据，如果有日期或者时间，大部分情况下并不是数值型日期或者数值型时间，而是文本，因此这样的日期也是不能计算的。

5. 眼睛看不见的特殊字符

这种情况多发生于从系统导出数据的场合，明明看着是数字，就是没办法求和，必须处理规范才行。

6. 空单元格

空单元格的存在，一方面是合并单元格的问题，另一方面是表格做成了阅读格式，这就造成了数据表中的数据不完整，数据缺失，需要根据具体情况进行填充。

建立数据模型的前提是有标准规范的基础表单，不论是表格结构，还是表格数据，都必须满足数据库的规则要求，一列列一行行，各居其位，进退有序，才能使数据分析高效化，并建立智能化数据分析模型。

下面将分几章内容来介绍数据清洗的各种实用技能，以及结合实际业务，建立经典的自动化数据分析模型。

第②章

转换表格结构

Excel

要想建立一个高效数据分析模型，源数据必须是一个标准规范的数据库，或者说必须是一个真正的表，因此，首先应该从结构上进行规范。如不能做成大而全的表格、不能有合并单元格、不能有多行标题、不能是一列保存不同类型的数据、不能是二维表结构等。

转换表格结构的方法有很多，根据实际情况可采用不同的方法来处理。下面我们结合实例分别进行介绍。

2.1 删除垃圾行和垃圾列

所谓垃圾行和垃圾列，就是会影响到数据分析的行和列，或者是根本就没有必要的行和列，例如小计行、小计列、空行和空列等。

2.1.1 删除小计行和小计列

删除小计行和小计列很简单，先选择合计所在的列，打开"查找和替换"对话框，在"查找内容"输入框中输入"合计"或者"小计"，单击"查找全部"按钮，找出所有的单元格，然后再按 Ctrl+A 组合键，就选中了所有的合计或小计单元格，如图 2-1 所示。

关闭"查找和替换"对话框，执行"删除"→"删除工作表行"命令，就将工作表的所有合计行予以删除，如图 2-2 所示。

图 2-1　选择所有的合计或小计单元格　　　　图 2-2　"删除工作表行"命令

此外，我们也可以使用 Power Query 进行快速整理，详细内容请观看视频，其中有两种方法的比较。

2.1.2 删除空行和空列

删除空行和空列也很简单，先使用前面介绍的方法查找空值单元格，也就是在"查找和替换"对话框的"查找内容"输入框中留空，查找出所有的空单元格，然后执行"删除"→"删除工作表行"命令即可。

案例 2-1

如果从系统导出的数据有上万行甚至数十万行，这种查找空单元格然后再删除的方法就比较费时间了，还很容易死机，此时可以使用 Power Query 来处理，具体方法如下。

选择数据区域的整列，如图 2-3 所示。

	A	B	C	D	E
1	日期	产品	客户	销量	
2	2019-6-14	产品05	客户75	917	
3	2019-4-16	产品09	客户70	193	
4					
5	2019-9-3	产品01	客户02	277	
6	2019-4-25	产品04	客户55	76	
7	2019-2-1	产品05	客户35	228	
8	2019-1-25	产品06	客户05	385	
9	2019-7-23	产品01	客户29	299	
10	2019-8-10	产品03	客户59	175	
11	2019-9-7	产品04	客户29	144	
12					
13	2019-4-27	产品12	客户65	378	
14					
15	2019-3-1	产品05	客户51	317	
16	2019-10-19	产品11	客户32	950	
17	2019-10-20	产品10	客户41	993	
18	2019-9-3	产品09	客户69	94	
19	2019-3-22	产品12	客户30	715	
20	2019-6-2	产品07	客户17	287	

Sheet1

图 2-3　选择数据区域的整列

执行"数据"→"自表格 / 区域"命令，如图 2-4 所示。
打开"创建表"对话框，参数保持默认，如图 2-5 所示。

图 2-4　"自表格 / 区域"命令按钮　　　　　图 2-5　"创建表"对话框

单击"确定"按钮，就打开了"**Power Query** 编辑器"窗口，如图 **2-6** 所示。

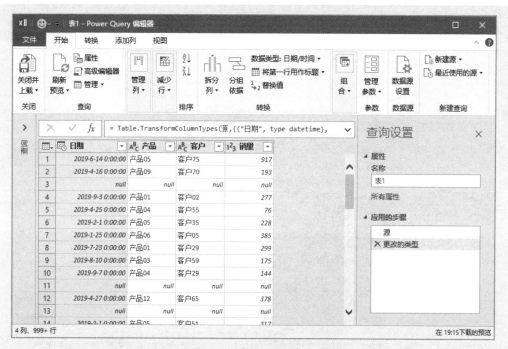

图 2-6　"Power Query 编辑器"窗口

本案例中，第一列是日期，**Power Query** 会自动把这列的数据类型设置为日期时间，因此选择第一列"日期"，执行"开始"→"数据类型"→"日期"命令，如图 2-7 所示。

这样就打开了一个"更改列类型"对话框，如图 2-8 所示。

单击"替换当前转换"按钮，就将日期的数据类型更改为正确的日期类型，如图 2-9 所示。

图 2-7 选择"日期"选项，设置数据类型

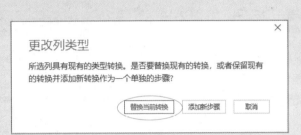

更改列类型

所选列具有现有的类型转换。是否要替换现有的转换，或者保留现有的转换并添加新转换作为一个单独的步骤？

替换当前转换　　添加新步骤　　取消

图 2-8 "更改列类型"对话框

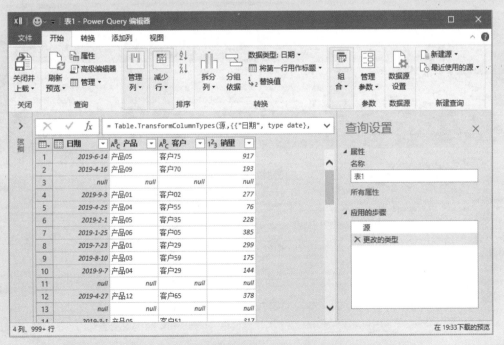

图 2-9 第一列"日期"的数据类型更改为了正确类型

从任意一列中进行筛选，取消勾选"(null)"复选框，如图 2-10 所示。

这样就得到了图 2-11 所示的表，此时已经没有了空行。

单击"文件"→"关闭并上载"按钮，如图 2-12 所示。

这样就自动创建了一个新工作表，导入删除空行后的数据，如图 2-13 所示。

图 2-10　取消勾选"(null)"复选框

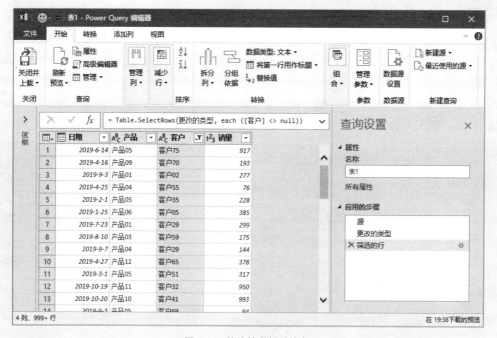

图 2-11　筛选掉空行后的表

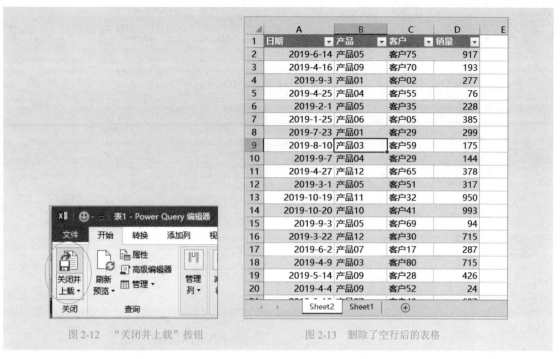

图 2-12　"关闭并上载"按钮　　　　　图 2-13　删除了空行后的表格

最后，将原来的表格删除。

2.2 处理多行标题

多行标题、合并单元格是典型的垃圾表特征，因为合并单元格多行标题就意味着无法对每列数据进行辨识。另外，这样的表在很多情况下是多种业务数据的大而全表格，因此，处理这样的标题，实际上不仅仅是处理合并单元格标题，也是把一个表格分割成几个表。

2.2.1　简单的多行标题处理

图 2-14 就是这样一种表格，第一行和第二行是两行标题，第一行还是合并单元格，这样我们就很难对数据进行精准的统计分析。这种合并单元格标题处理起来并不复杂，使用 Excel 基本方法就可以了。

科目号	科目名称	上期余额		本期发生额		本期余额	
		借方	贷方	借方	贷方	借方	贷方
一、资产类							
1001000000	现金	4964.82	6183.75	1631.46	1631.10	267.83	1503.11
1001010000	库存现金	7484.31	5266.90	2150.60	4724.52	7511.27	8767.54
1001010100	库存现金	7510.97	96.33	1206.86	7667.46	1909.66	7452.38
1001010109	库存现金	1913.86	15.56	4465.79	959.89	9983.60	5673.56
1001020000	自助设备现金	8766.98	8974.38	4397.20	7969.74	7207.07	1817.63
1001020100	自助设备现金	5825.37	1403.77	4235.48	947.55	779.91	7868.58
1001030000	运送中现金	8351.18	4877.68	5519.85	6539.97	5319.48	3857.91
1001030100	运送中现金	5036.76	9788.61	1794.17	3811.03	3818.00	9086.82
1001030409	运送中现金	8955.72	5390.51	7229.60	8030.35	5181.59	2845.06
1001040000	财务现金备付金	5012.00	8066.34	7174.34	6018.72	4053.92	2664.86
1001040100	财务现金备付金	5955.77	1863.99	2802.77	55.26	2911.62	5714.60
1001040309	财务现金备付金	2168.85	5314.65	442.97	7579.86	3221.48	373.23

图 2-14　多行标题，合并的单元格

选择第一行和第二行，单击功能区中的"合并后居中"按钮，如图 **2-15** 所示，取消合并单元格，如图 **2-16** 所示。

图 2-15　"合并后居中"按钮

科目号	科目名称	上期余额		本期发生额		本期余额	
			借方	贷方	借方	贷方	借方	贷方
一、资产类							
1001000000	现金	4964.82	6183.75	1631.46	1631.10	267.83	1503.11

图 2-16　取消合并单元格

然后重新输入标题，删除其他的垃圾行，就得到图 **2-17** 所示的表格。

科目号	科目名称	上期借方余额	上期贷方余额	本期借方发生额	本期贷方发生额	本期借方余额	本期贷方余额
1001000000	现金	4964.82	6183.75	1631.46	1631.10	267.83	1503.11
1001010000	库存现金	7484.31	5266.90	2150.60	4724.52	7511.27	8767.54
1001010100	库存现金	7510.97	96.33	1206.86	7667.46	1909.66	7452.38
1001010109	库存现金	1913.86	15.56	4465.79	959.89	9983.60	5673.56
1001020000	自助设备现金	8766.98	8974.38	4397.20	7969.74	7207.07	1817.63
1001020100	自助设备现金	5825.37	1403.77	4235.48	947.55	779.91	7868.58
1001030000	运送中现金	8351.18	4877.68	5519.85	6539.97	5319.48	3857.91
1001030100	运送中现金	5036.76	9788.61	1794.17	3811.03	3818.00	9086.82
1001030409	运送中现金	8955.72	5390.51	7229.60	8030.35	5181.59	2845.06
1001040000	财务现金备付金	5012.00	8066.34	7174.34	6018.72	4053.92	2664.86
1001040100	财务现金备付金	5955.77	1863.99	2802.77	55.26	2911.62	5714.60
1001040309	财务现金备付金	2168.85	5314.65	442.97	7579.86	3221.48	373.23
1002000000	银行存款	2412.72	6311.00	8201.52	3443.37	5039.45	918.43
1002990000	银行存款	8147.25	4733.40	5142.80	2227.38	9211.50	1845.77

图 2-17　处理标题后的表格

2.2.2 复杂的多行标题处理，并拆分表

上面的表格处理还是比较简单的，但在有些情况下，不仅仅是处理合并单元格标题这样的简单工作，而是要根据每列的具体数据类型，对表格进行分割处理。

案例 2-2

图 2-18 是一个产品销售预实统计表的示例，这个表格用于分析数据并不方便，例如，制作预实分析仪表盘时，就需要使用函数做各种查找和计算。

为了能够制作一个自动化的预实分析模型，需要对这个表格进行分割处理：将表格拆分成预算表和实际表。

产品	项目	1月			2月			3月			4月			5月		
		预算	实际	差异	预算	实际	差异	预算	实际	差异	预算	实际	差异	预算	实际	差异
产品01	销量	45,855	40,281	-5,574	63,104	64.325	1,221	75,359	63,778	-11,581	35,142	77,840	42,698	54,799	49,340	-5,459
	单价	79.9630	62.1599	-17.8031	78.3181	75.5595	-2.7586	78.3381	68.5288	-9.8093	55.3604	54.9054	-0.4550	77.4064	59.0157	-18.3907
	销售额	3,666,703	2,503,863	-1,162,840	4,942,185	4,860,365	-81,821	5,903,481	4,370,630	-1,532,851	1,945,475	4,273,836	2,328,361	4,241,793	2,911,835	-1,329,959
	单位成本	36.9878	26.9473	-10.0405	30.3175	29.9496	-0.3679	29.6975	35.5195	5.8220	30.3913	35.2887	4.8974	25.7058	32.5725	6.8667
	销售成本	1,696,076	1,085,464	-610,611	1,913,156	1,926,508	13,353	2,237,974	2,265,363	27,389	1,068,011	2,746,872	1,678,861	1,408,652	1,607,127	198,475
	毛利	1,970,628	1,418,399	-552,229	3,029,030	2,933,857	-95,173	3,665,507	2,105,267	-1,560,240	877,464	1,526,964	649,500	2,833,141	1,304,707	-1,528,434
产品02	销量	690,526	653,498	-37,028	676,684	686,392	9,708	743,728	528,405	-215,323	416,402	467,407	51,005	678,554	329,684	-348,870
	单价	47.8583	37.5555	-10.3028	37.7488	53.6725	15.9237	45.8869	51.7482	5.8613	40.5583	38.8454	-1.7129	41.7077	39.6169	-2.0908
	销售额	33,047,400	24,542,444	-8,504,956	25,844,095	36,840,375	11,296,366	34,127,372	27,344,008	-6,783,365	16,888,557	18,156,612	1,268,055	28,300,927	13,061,058	-15,239,869
	单位成本	21.3055	27.9356	6.6301	17.1790	22.7761	5.5971	30.8088	29.1672	-1.6416	24.1811	23.1179	-1.0632	28.5474	25.1468	-3.4006
	销售成本	14,712,002	18,255,859	3,543,857	11,624,754	15,633,333	4,008,578	22,913,367	15,412,094	-7,501,273	10,069,058	10,805,468	736,410	19,370,952	8,290,498	-11,080,455
	毛利	18,335,399	6,286,585	-12,048,813	13,919,255	21,207,042	7,287,787	11,214,005	11,931,913	717,908	6,819,499	7,351,144	531,645	8,929,974	4,770,560	-4,159,414
产品03	销量	69,696	62,928	-6,768	64,376	52,663	-11,713	53,536	68,656	15,120	58,124	52,700	-5,424	50,081	53,042	2,961
	单价	158.7885	129.2093	-29.5792	127.4044	136.9106	9.5062	149.2649	157.5938	8.3289	145.3945	144.2449	-1.1496	125.6240	139.6563	14.0323
	销售额	11,066,923	8,130,883	-2,936,040	8,201,786	7,210,123	-991,663	7,991,046	10,819,760	2,828,714	8,450,910	7,601,706	-849,204	6,291,376	7,407,649	1,116,274
	单位成本	113.3633	112.4153	-0.9480	88.2722	129.0137	40.7415	127.8980	119.4434	-8.4546	121.5397	117.7553	-3.7844	106.4269	99.8574	-6.5695
	销售成本	7,900,969	7,074,070	-826,899	5,682,611	6,794,248	1,111,637	6,847,147	8,200,506	1,353,359	7,064,374	6,205,704	-858,669	5,329,966	5,296,636	-33,329
	毛利	3,165,955	1,056,813	-2,109,142	2,519,175	415,874	-2,103,300	1,143,898	2,619,254	1,475,356	1,386,536	1,396,002	9,466	961,410	2,111,013	1,149,603

预实统计表

图 2-18　产品销售预实统计表

1. 拆分预算表和实际表

选择表格区域，执行"数据"→"自表格/区域"命令，打开"创建表"对话框，注意取消勾选"表包含标题"复选框，如图 2-19 所示。

图 2-19　"创建表"对话框，取消勾选"表包含标题"复选框

然后单击"确定"按钮，打开"Power Query 编辑器"窗口，如图 2-20 所示。

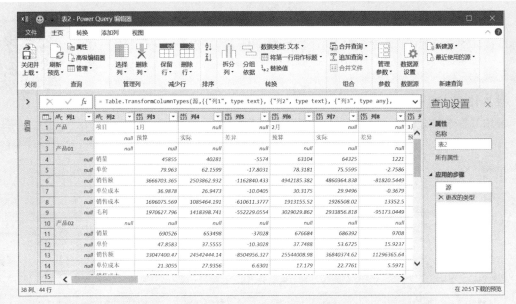

图 2-20　"Power Query 编辑器"窗口

选择第一列，执行"转换"→"填充"→"向下"命令，如图 2-21 所示。

图 2-21　执行"填充"→"向下"命令，准备填充数据

现已将第一列填充了产品名称，如图 2-22 所示。

执行"转换"→"转置"命令，如图 2-23 所示。

将表格进行转置，如图 2-24 所示。

图 2-22　第一列填充产品名称

图 2-23　"转置"命令

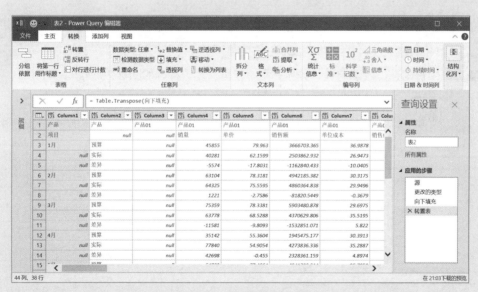

图 2-24　转置后的表

选择第一列,执行"转换"→"填充"→"向下"命令,将第一列的空值填充为月份名称,如图2-25所示。

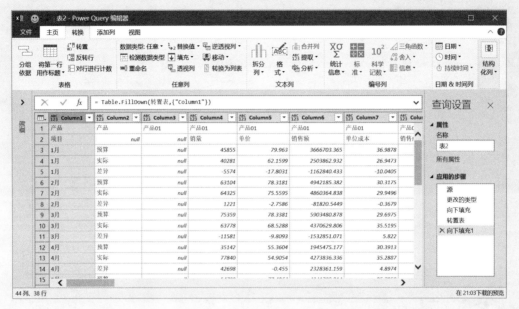

图2-25 第一列填充为月份名称

从第二列中做筛选,取消勾选"实际"和"差异"复选框,如图2-26所示。

图2-26 取消勾选"实际"和"差异"复选框

这样就得到了预算数据表，但还是转置状态，如图 2-27 所示。

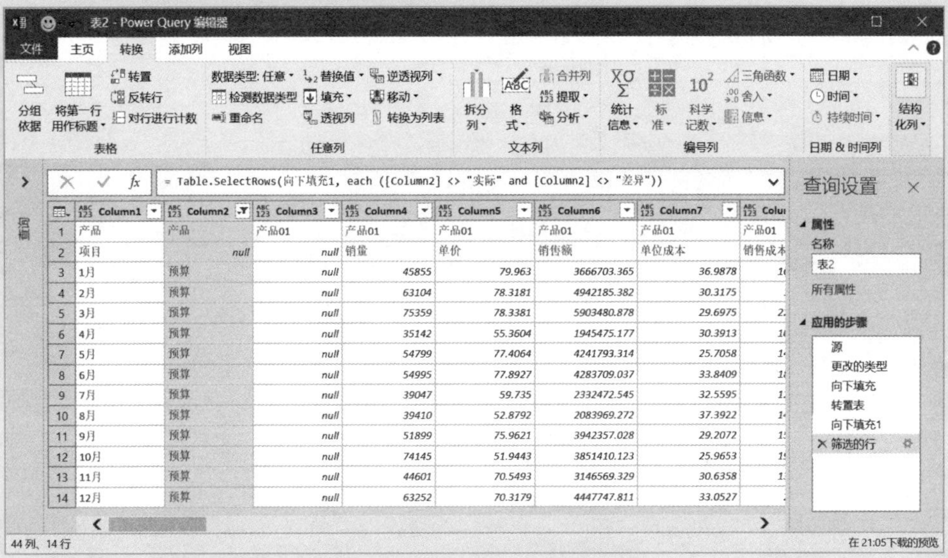

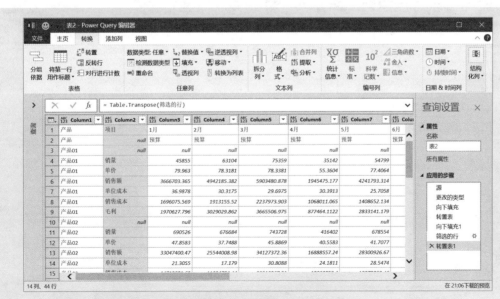

图 2-27　得到的预算数据表

执行"转换"→"转置"命令，将表格再转置过来，如图 2-28 所示。

图 2-28　再转置成正常结构的预算表

从第二列中进行筛选，取消勾选"（null）"复选框，如图 2-29 所示。

图 2-29　取消勾选"（null）"复选框

这样就得到了图 2-30 所示的表。

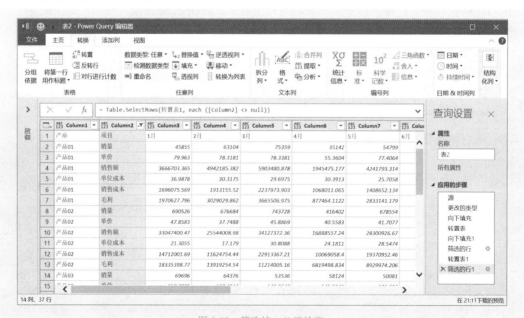

图 2-30　筛选掉 null 后的表

执行"将第一行用作标题"命令，提升标题，得到了拆分出来的预算表，如图 2-31 所示。

选择前面两列，执行"转换"→"逆透视其他列"命令，如图 2-32 所示。

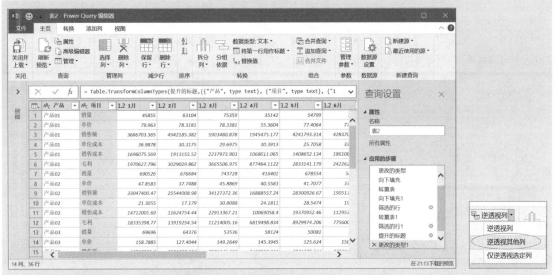

图 2-31 拆分出的预算数据表　　　　　　　　　　　　　　　　　　图 2-32 "逆透视其他列"命令

现已将表格转换为了一维表，然后修改标题，将"属性"修改为"月份"，如图 2-33 所示。

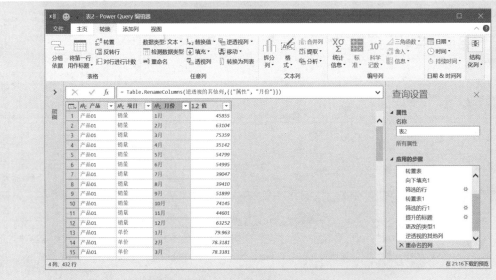

图 2-33 转换为一维表

执行"添加列"→"自定义列"命令，如图 2-34 所示。

打开"自定义列"对话框，添加一个自定义列"类别"，公式为"=" 预算 ""，如图 2-35 所示。

图 2-34　"自定义列"命令　　　　　　　　　　图 2-35　自定义列"类别"

这样就得到了最终需要的预算表，如图 2-36 所示。

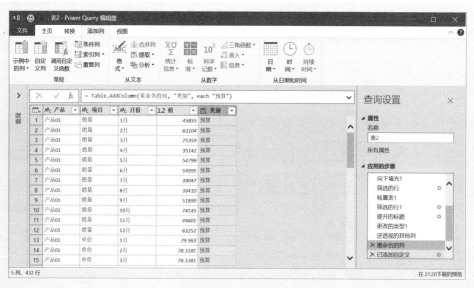

图 2-36　得到的预算表

在编辑器右侧的"查询设置"窗格中，将此查询名称重命名为"预算"，如图 2-37 所示。

展开编辑器左侧的查询窗格，右击查询"预算"，执行"复制"命令，如图 2-38 所示，将查询复制一份，如图 2-39 所示。

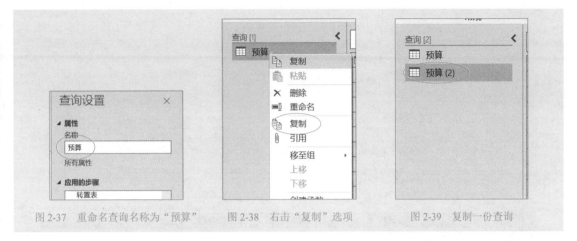

图 2-37　重命名查询名称为"预算"　　　　图 2-38　右击"复制"选项　　　　图 2-39　复制一份查询

将复制得到的查询"预算 (2)"重命名为"实际"，然后在右侧的"应用的步骤"窗格中回到"筛选的行"这一步，如图 2-40 所示。

双击该步骤，打开"筛选行"对话框，如图 2-41 所示。

图 2-40　回到"筛选的行"步骤　　　　　　图 2-41　"筛选行"对话框

将第一个筛选条件设置为"不等于"和"预算"，如图 2-42 所示。

图 2-42　重新设置筛选条件为"不等于"和"预算"

这样，这个表就是实际表了，如图 **2-43** 所示。

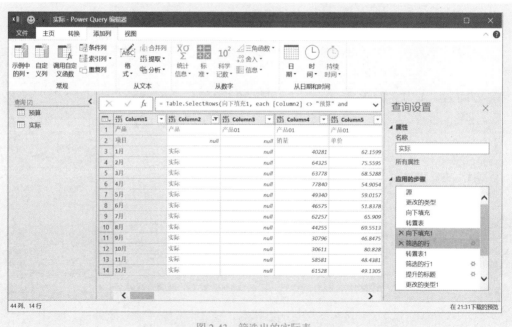

图 2-43　筛选出的实际表

在右侧的"应用的步骤"窗格中回到"已添加自定义"这一步，如图 **2-44** 所示。

双击该步骤，打开"自定义列"对话框，将自定义列公式修改为"**=**" 实际 **"**"，如图 **2-45** 所示。

图 2-44 回到"已添加自定义"步骤   图 2-45 修改自定义列公式

这样，我们就得到了实际数据表，如图 2-46 所示。

图 2-46 实际数据表

2 将预算表和实际表合并为一个表

选择查询表"预算"，执行"开始"→"追加查询"→"将查询追加为新查询"命令，如图2-47所示。打开"追加"对话框，进行如图2-48所示的设置（分别选择两个表）。

图 2-47 "将查询追加为新
查询"命令

图 2-48 追加查询

这样就将预算表和实际表合并为一个表，如图2-49所示，然后我们可以利用这个合并表进行各种数据分析。

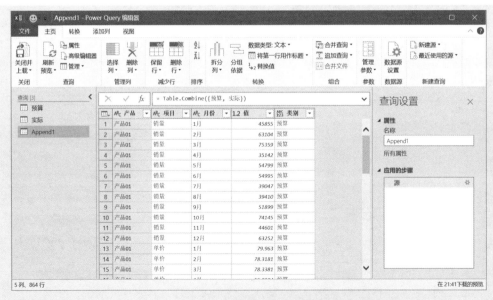

图 2-49 预算和实际合并表

2.3 表格行列转换

在处理数据时，经常需要把表格进行转置，例如，把行次序进行上下逆向调整，把列次序进行左右逆向调整，把行变成列，把列变成行。本节我们结合几个实际案例，介绍常用的表格行列转换高效方法和技能技巧。

2.3.1 逆序行次序

案例 2-3

现在有一个问题：如何把图 2-50 所示表的各行逆序转换成图 2-51 所示的表？也就是把第一行调到最后一行，把第二行调到倒数第二行，把第三行调到倒数第三行，以此类推。

有人说，排序不就可以了吗？一个一个地调整也行啊！前者排序后并不是我们需要的次序，因为排序是按照固定的次序（如拼音、字母等），后者属于没事干了找点事做做。

我们可以使用 Power Query 快速完成表格行次序的反转。

首先执行"数据"→"自表格/区域"命令，进入"Power Query 编辑器"窗口，如图 2-52 所示。

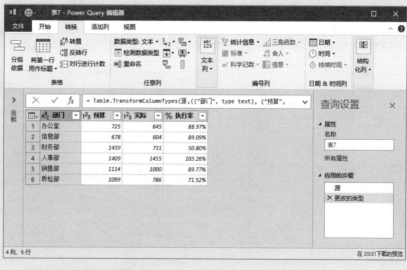

图 2-50　未处理的原始表　　　　图 2-51　要转换成的表

图 2-52　"Power Query 编辑器"窗口

执行"转换"→"反转行"命令，如图 2-53 所示。

这样就将原始表的行次序做了反转，如图 2-54 所示。

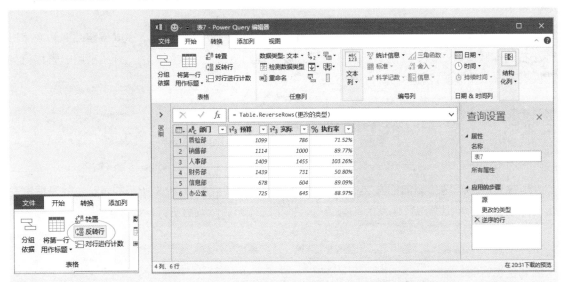

图 2-53 "反转行"命令　　　　　　　图 2-54 行次序做了反转

最后执行"开始"→"关闭并上载"命令，将数据表导出到 Excel 工作表。

2.3.2 逆序列次序

将列次序反转，也就是把数据的第一列调到最后一列，把第二列调到倒数第二列，把第三列调到倒数第三列，以此类推。

案例 2-4

图 2-55 是一个原始表，图 2-56 是数据列次序反转后的表。

	A	B	C	D	E
1	地区	食品类	服饰类	家电类	日用品类
2	华北	1927	1512	788	1752
3	西北	893	1985	787	1230
4	华东	1873	1412	881	765
5	华南	1557	530	1897	793
6	西南	979	570	584	815
7	东北	1290	1260	1783	1835

	A	B	C	D	E
1	地区	日用品类	家电类	服饰类	食品类
2	华北	1752	788	1512	1927
3	西北	1230	787	1985	893
4	华东	765	881	1412	1873
5	华南	793	1897	530	1557
6	西南	815	584	570	979
7	东北	1835	1783	1260	1290
8					

图 2-55 原始表　　　　　　　图 2-56 列次序反转

执行"数据"→"自表格/区域"命令,进入"Power Query 编辑器"窗口,如图 2-57 所示。

执行"开始"→"将标题作为第一行"命令,如图 2-58 所示,进行降级操作,便于进行转置。

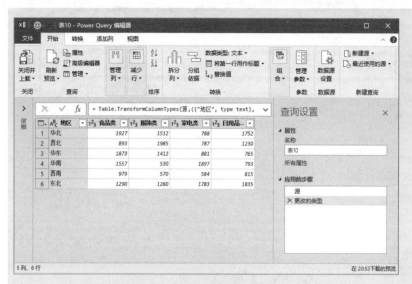

图 2-57 "Power Query 编辑器"窗口

图 2-58 "将标题作为第一行"命令

这样,表就变为了图 2-59 所示的情形。

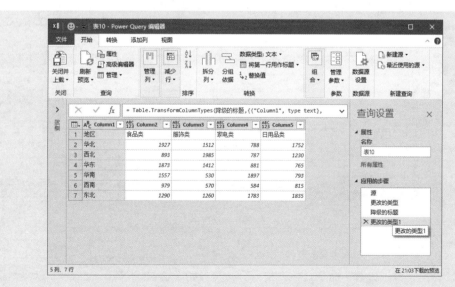

图 2-59 将标题变为表格的第一行数据

执行"转换"→"转置"命令，将原始表的行列转置，如图 2-60 所示。

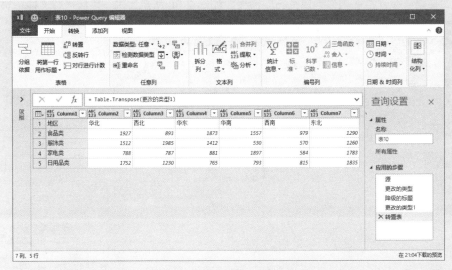

图 2-60　将整个表做行列转置

执行"转换"→"反转行"命令，将行次序反转，如图 2-61 所示。

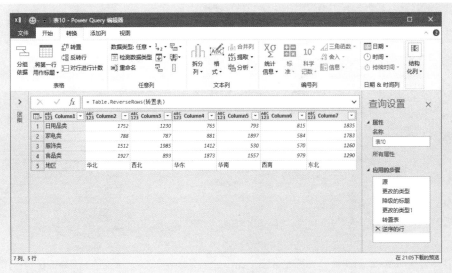

图 2-61　反转行次序

再执行"转换"→"转置"命令，将表格行列转置，如图 2-62 所示。

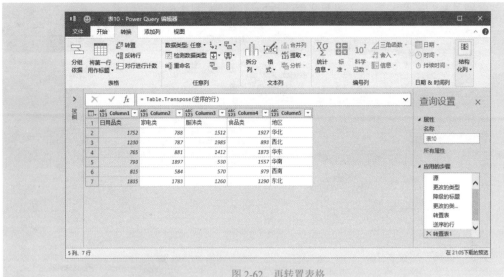

图 2-62　再转置表格

执行"开始"→"将第一行用作标题"命令，将表变为图 2-63 所示的情形。

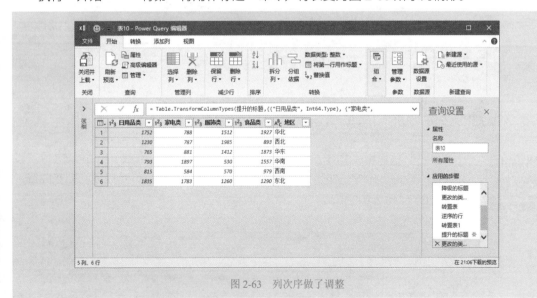

图 2-63　列次序做了调整

如果数据列不多，直接将最后一列"地区"手工拖放调整至第一列的位置。

如果数据列较多，可以选择最后一列"地区"，执行"转换"→"移动"→"移到开头"命令，如图 2-64 所示。

这样就得到了我们需要的表格，如图 2-65 所示。

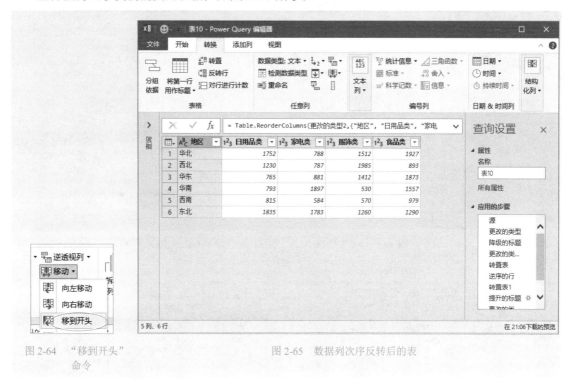

图 2-64 "移到开头"
命令

图 2-65 数据列次序反转后的表

2.3.3 行列的整体转置：简单情况

如果要转置的表格没有合并单元格（或者空标题单元格），那么执行"转换"→"转置"命令就能迅速地将表格进行转置，也就是行变成列，列变成行，如图 2-66 和图 2-67 所示。

	地区	食品类	服饰类	家电类	日用品类
1	华北	1927	1512	788	1752
2	西北	893	1985	787	1230
3	华东	1873	1412	881	765
4	华南	1557	530	1897	793
5	西南	979	570	584	815
6	东北	1290	1260	1783	1835

图 2-66 地区作为行，产品类别作为列

第 2 章 / CHAPTER 2
≋ 转换表格结构

ABC 地区	1²₃ 华北	1²₃ 西北	1²₃ 华东	1²₃ 华南	1²₃ 西南	1²₃ 东北
1 食品类	1927	893	1873	1557	979	1290
2 服饰类	1512	1985	1412	530	570	1260
3 家电类	788	787	881	1897	584	1783
4 日用品类	1752	1230	765	793	815	1835

图 2-67 地区作为列，产品类别作为行

不过，直接执行"转置"命令是不能做成这样的效果的，需要做一些具体的操作，主要操作步骤如下。

首先，建立基本查询，打开"Power Query 编辑器"窗口，如图 2-68 所示。

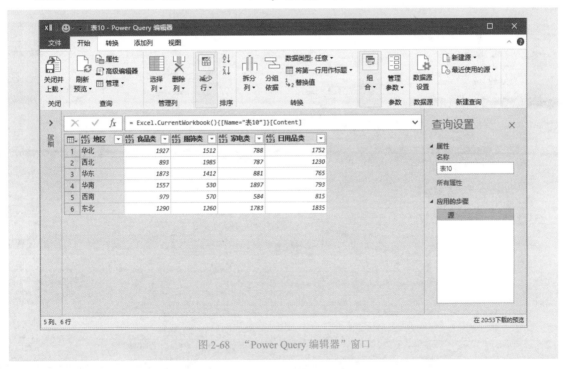

图 2-68 "Power Query 编辑器"窗口

执行"开始"→"将标题作为第一行"命令，表变为图 2-69 所示的情形。

此时，原始的标题作为表格的第一行数据，而标题的名称为默认的"Column1""Column2""Column3"等。

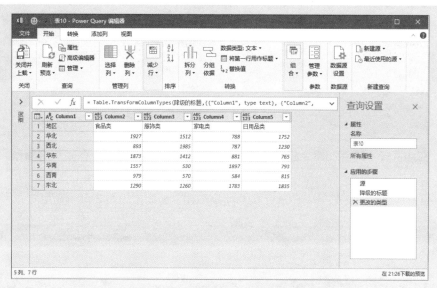

图 2-69　将原始的标题作为表格的第一行数据

执行"转换"→"转置"命令，将表格行列转置，如图 **2-70** 所示。

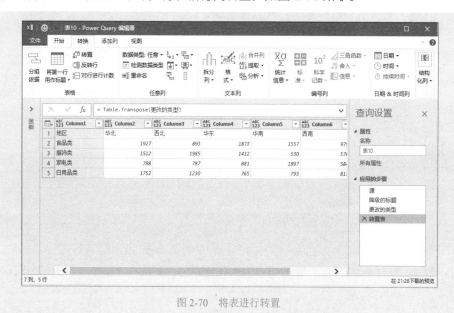

图 2-70　将表进行转置

再执行"开始"→"将第一行用作标题"命令，就得到了原始表转置后的表，如图 **2-71** 所示。

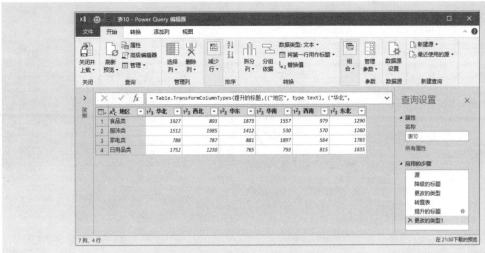

图 2-71　行列转置后的表

2.3.4　行列的整体转置：复杂情况

如果要转置的表格有合并单元格标题或者空单元格的标题（行标题或列标题），那么转换起来就稍微复杂些了。

案例 2-5

例如，要把图 2-72 所示的表格转换为图 2-73 所示的表格，最简单的方法是使用选择性粘贴的转置功能，但这种转换有可能造成表格公式和表格格式的破坏，而且对大型表格而言并不方便。

另外，在转换表格时，我们希望得到一个与原始表保持动态链接的转置表，能够随时根据原始表数据进行更新，此时，使用 Power Query 就比较简单了。

	A	B	C	D	E	F	G	H	I	J	K	L	M	N
1	地区	产品	1月	2月	3月	4月	5月	6月	7月	8月	9月	10月	11月	12月
2	北区	预算	1139	1084	1015	1557	1055	926	1432	1118	926	1424	1137	1272
3		实际	1221	1401	1237	1139	1642	1297	1337	1688	1153	947	900	1430
4		差异	82	317	222	-418	587	371	-95	570	227	-477	-237	158
5	西区	预算	1470	1603	1135	1171	1022	1618	1554	956	1543	947	1504	1237
6		实际	1335	1328	1630	1136	1478	1593	1345	1283	1389	1179	1363	920
7		差异	-135	-275	495	-35	456	-25	-209	327	-154	232	-141	-317
8	南区	预算	1327	1169	1216	1198	958	991	1668	1038	1204	1519	1270	1352
9		实际	1021	1400	1625	1017	1188	1222	1552	1502	1337	938	1403	1578
10		差异	-306	231	409	-181	230	231	-116	464	133	-581	133	226
11	东区	预算	1682	1618	1031	929	1658	1533	1184	1189	1510	1646	936	1460
12		实际	900	1161	1222	1654	1577	1100	1696	1483	1237	1632	1052	1434
13		差异	-782	-457	191	725	-81	-433	512	294	-273	-14	116	-26
14														

图 2-72　原始表

		北区			西区			南区			东区	
4													
5	月份	预算	实际	差异	预算	实际	差异	预算	实际	差异	预算	实际	差异
6	1月	1139	1221	82	1470	1335	-135	1327	1021	-306	1682	900	-782
7	2月	1084	1401	317	1603	1328	-275	1169	1400	231	1618	1161	-457
8	3月	1015	1237	222	1135	1630	495	1216	1625	409	1031	1222	191
9	4月	1557	1139	-418	1171	1136	-35	1198	1017	-181	929	1654	725
10	5月	1055	1642	587	1022	1478	456	958	1188	230	1658	1577	-81
11	6月	926	1297	371	1618	1593	-25	991	1222	231	1533	1100	-433
12	7月	1432	1337	-95	1554	1345	-209	1668	1552	-116	1184	1696	512
13	8月	1118	1688	570	956	1283	327	1038	1502	464	1189	1483	294
14	9月	926	1153	227	1543	1389	-154	1204	1337	133	1510	1237	-273
15	10月	1424	947	-477	947	1179	232	1519	938	-581	1646	1632	-14
16	11月	1137	900	-237	1504	1363	-141	1270	1403	133	936	1052	116
17	12月	1272	1430	158	1237	920	-317	1352	1578	226	1460	1434	-26

图 2-73　要转换成的表

执行"数据"→"自表格/区域"命令，进入"Power Query 编辑器"窗口，如图 2-74 所示。

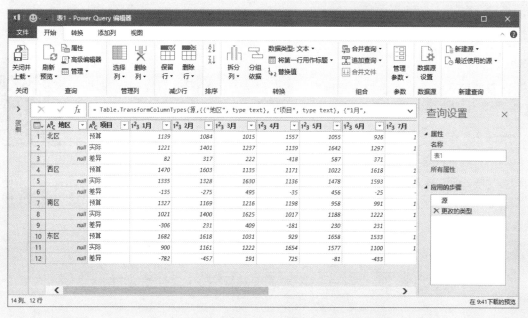

图 2-74　"Power Query 编辑器"窗口

选择第一列"地区"，执行"转换"→"填充"→"向下"命令，将第一列的空单元格进行填充，如图 2-75 所示。

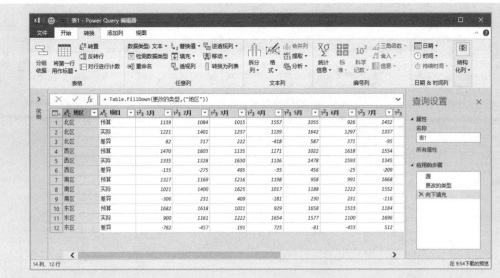

图 2-75　第一列的空单元格填充了数据

选择最左侧两列"地区"和"项目"，执行"转换"→"逆透视其他列"命令，将表格各月的数据进行逆透视，转换为"属性"和"值"两列，如图 2-76 所示。

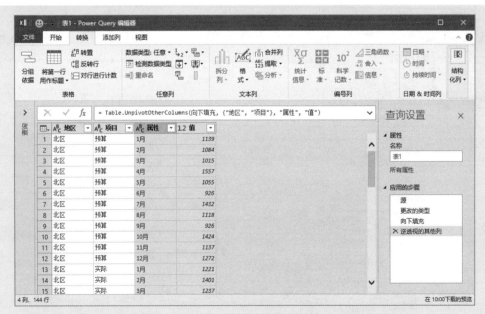

图 2-76　将各月数据进行逆透视

修改"属性"和"值"两列的标题，分别修改为"月份"和"金额"，如图 2-77 所示。

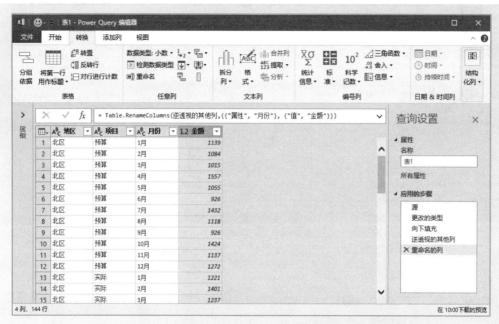

图 2-77　修改列标题名称

执行"开始"→"关闭并上载至"命令，将查询加载为链接和数据模型，然后插入 Power Pivot，如图 2-78 所示。

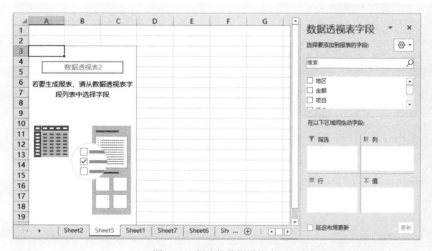

图 2-78　创建的数据透视表

对数据透视表进行初步布局，如图 2-79 所示。

求和项:金额	列标签														
	⊟北区			北区 汇总	⊟东区			东区 汇总	⊟南区			南区 汇总	⊟西区		
行标签	差异	实际	预算		差异	实际	预算		差异	实际	预算		差异	实际	预算
10月	-477	947	1424	1894	-14	1632	1646	3264	-581	938	1519	1876	232	1179	947
11月	-237	900	1137	1800	116	1052	936	2104	133	1403	1270	2806	-141	1363	1504
12月	158	1430	1272	2860	-26	1434	1460	2868	226	1578	1352	3156	-317	920	1237
1月	82	1221	1139	2442	-782	900	1682	1800	-306	1021	1327	2042	-135	1335	1470
2月	317	1401	1084	2802	-457	1161	1618	2322	231	1400	1169	2800	-275	1328	1603
3月	222	1237	1015	2474	191	1222	1031	2444	409	1625	1216	3250	495	1630	1135
4月	-418	1139	1557	2278	725	1654	929	3308	-181	1017	1198	2034	-35	1136	1171
5月	587	1642	1055	3284	-81	1577	1658	3154	230	1188	958	2376	456	1478	1022
6月	371	1297	926	2594	-433	1100	1533	2200	231	1222	991	2444	-25	1593	1618
7月	-95	1337	1432	2674	512	1696	1184	3392	-116	1552	1668	3104	-209	1345	1554
8月	570	1688	1118	3376	294	1483	1189	2966	464	1502	1038	3004	327	1283	956
9月	227	1153	926	2306	-273	1237	1510	2474	133	1337	1204	2674	-154	1389	1543
总计	1307	15392	14085	30784	-228	16148	16376	32296	873	15783	14910	31566	219	15979	15760

图 2-79 基本的数据透视表

最后，对透视表进行美化、设置数据透视表选项、调整项目次序等，就得到了我们需要的转置表，如图 2-80 所示。

金额	地区	项目										
	⊟北区			⊟西区			⊟南区			⊟东区		
月份	预算	实际	差异	预算	实际	差异	预算	实际	差异	预算	实际	差异
1月	1139	1221	82	1470	1335	-135	1327	1021	-306	1682	900	-782
2月	1084	1401	317	1603	1328	-275	1169	1400	231	1618	1161	-457
3月	1015	1237	222	1135	1630	495	1216	1625	409	1031	1222	191
4月	1557	1139	-418	1171	1136	-35	1198	1017	-181	929	1654	725
5月	1055	1642	587	1022	1478	456	958	1188	230	1658	1577	-81
6月	926	1297	371	1618	1593	-25	991	1222	231	1533	1100	-433
7月	1432	1337	-95	1554	1345	-209	1668	1552	-116	1184	1696	512
8月	1118	1688	570	956	1283	327	1038	1502	464	1189	1483	294
9月	926	1153	227	1543	1389	-154	1204	1337	133	1510	1237	-273
10月	1424	947	-477	947	1179	232	1519	938	-581	1646	1632	-14
11月	1137	900	-237	1504	1363	-141	1270	1403	133	936	1052	116
12月	1272	1430	158	1237	920	-317	1352	1578	226	1460	1434	-26

图 2-80 调整、美化数据透视表

2.3.5 把多行变一行：获取每个人的最新证书名称及获取日期

在实际数据处理中，我们也会遇到数据被多行保存，但需要整理为一行的情况，例如考勤中重复刷卡数据，获取每个人的最新证书名称及获取日期等。此时，我们可以使用函数，也可以使用 Power Query。

案例 2-6

图 2-81 左侧是每个人的获取证书记录表，右侧是需要整理成的结果，也就是获取每个人的最新证书名称及获取日期。

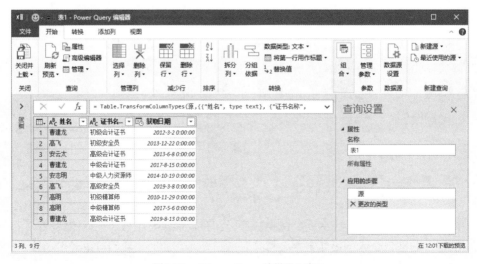

图 2-81 每个人的最新证书名称及获取日期

如果使用函数来制作右侧的汇总表，首先要从原始表中提取不重复姓名列表（保存到 G 列），然后输入下面的数组公式即可。

单元格 I2：=MAX(IF($A$2:$A$10=G2,$C$2:$C$10,""))
单元格 H2：=INDEX($B$2:$B$10,MATCH(G2&I2,$A$2:$A$10&$C$2:$C$10,0))

如果表格数据量很大，使用数组公式处理起来就比较慢了，此时，可以使用 Power Query 来快速处理。

执行"数据"→"自表格 / 区域"命令，打开"Power Query 编辑器"窗口，如图 2-82 所示。

图 2-82 "Power Query 编辑器"窗口

将"获取日期"的数据类型设置为"日期",去掉时间尾巴,如图 2-83 所示。

图 2-83 更改"获取日期"的数据类型

对第一列"姓名"做任意方式的排序(升序或降序),以便把每个人的重复名称排在一起,再对第三列"获取日期"做降序排序(从大到小排序),如图 2-84 所示。

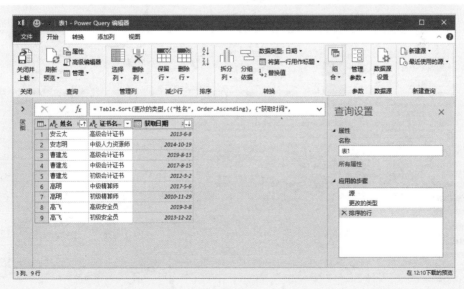

图 2-84 对"姓名"列和"获取日期"列进行排序

执行"添加列"→"索引列"命令，如图 2-85 所示。

这样就得到了图 2-86 所示的表。

图 2-85　"索引列"
命令

图 2-86　添加了索引列

选择第一列"姓名"，执行"开始"→"删除行"→"删除重复项"命令，如图 2-87 所示。

这样就得到了每个人的最新证书名称及获取日期的表，如图 2-88 所示。

图 2-87　"删除重复
项"命令

图 2-88　每个人的最新证书名称及获取日期的查询表

删除最右侧的"索引"列，将结果导出到 Excel 表，如图 2-89 所示。

	A	B	C
1	姓名	证书名称	获取日期
2	安云太	高级会计证书	2013-6-8
3	安志明	中级人力资源师	2014-10-19
4	曹建龙	高级会计证书	2019-8-13
5	高明	中级精算师	2017-5-6
6	高飞	高级安全员	2019-3-8
7			

图 2-89　每个人的最新证书名称及获取日期列表

2.3.6　把多行变一行：提取不重复的二级部门列表

案例 2-7

图 2-90 表示的是这样一个问题：要求把左边 A 列和 B 列数据整理成右侧的表格，第一行是一级部门名称，从第二行保存每个一级部门下的二级部门名称。

	A	B	C	D	E	F	G	H	I	J	K
1	一级部门	二级部门				人力行政中心	品质管理中心	经营中心	财务中心	转运中心	运营中心
2	经营中心	东部大区				人力资源部	质控部	市场部	结算部	转运二部	派件操作部
3	经营中心	东部大区				监察部	稽查部	量本利项目组	规划部	转运一部	IE规划部
4	经营中心	东部大区				行政部	客服部	智慧营销部	信息与流程管理部	新业务部	分拨点管理部
5	经营中心	东部大区				IT部	大客户客服部	东部大区	核算部	综合支持部	
6	经营中心	东部大区				项目管理部	仲裁部	中部大区		转运三部	
7	经营中心	东部大区					平台客诉部	网点管理部			
8	经营中心	东部大区					培训部	西部大区			
9	经营中心	东部大区					品质管理中心				
10	经营中心	东部大区									
11	经营中心	东部大区									
12	经营中心	东部大区									
13	经营中心	东部大区									
14	经营中心	东部大区									
15	经营中心	东部大区									
16	经营中心	东部大区									
17	经营中心	东部大区									
18	经营中心	东部大区									
19	经营中心	东部大区									
20	经营中心	西部大区									

组织架构

图 2-90　将一级部门和二级部门分类处理

执行"数据"→"自表格 / 区域"命令，打开"Power Query 编辑器"窗口，如图 2-91 所示。

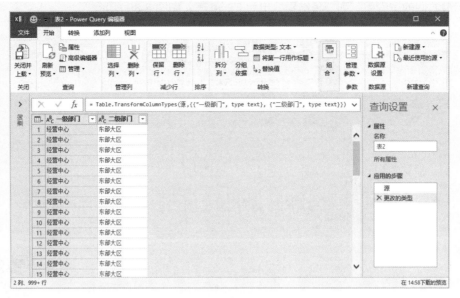

图 2-91　建立基本查询

将 A 列进行排序，然后选择 A 和 B 列，执行"转换"→"删除行"→"删除重复项"命令，得到图 2-92 所示的表。

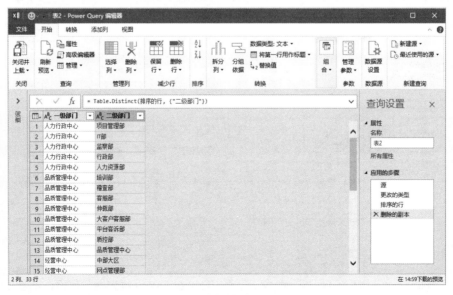

图 2-92　删除重复的二级部门

執行"添加列"→"索引列"命令，添加一个索引列，如图 2-93 所示。

图 2-93　添加索引列

选择"索引"列，执行"转换"→"透视列"命令，打开"透视列"对话框，在"值列"下拉列表中选择"二级部门"，单击"高级选项"按钮，展开对话框，从"聚合值函数"下拉列表中选择"不要聚合"，如图 2-94 所示。

图 2-94　设置透视列选项

单击"确定"按钮，得到图 2-95 所示的表。

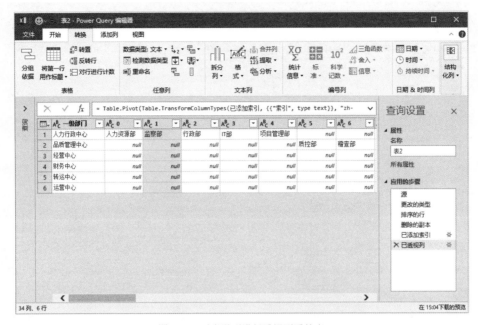

图 2-95　对索引列进行透视列后的表

选择第二列以后的所有列，执行"转换"→"合并列"命令，如图 2-96 所示，打开"合并列"对话框；从"分隔符"下拉列表中选择"空格"，如图 2-97 所示。

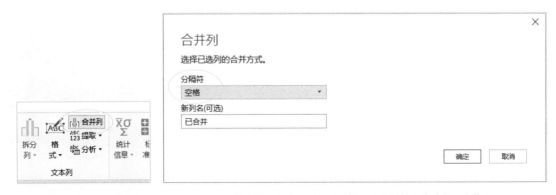

图 2-96　"合并列"命令　　　　　图 2-97　"合并列"对话框，"分隔符"中选择"空格"

这样就将所有的二级部门名称合并到了一个单元格，如图 2-98 所示。

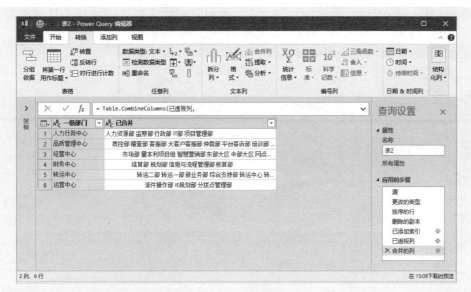

图 2-98 合并所有的二级部门名称

选择"已合并"列，执行"转换"→"格式"→"修整"命令，如图 2-99 所示，将该列数据的前后空格予以清除，如图 2-100 所示。

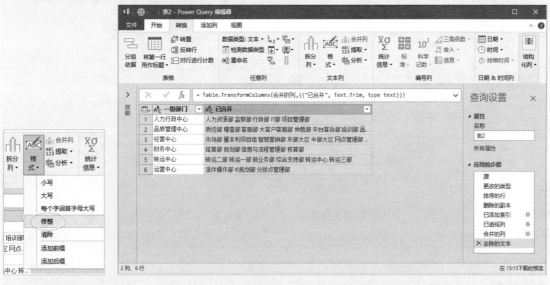

图 2-99 "格式"→"修整"命令

图 2-100 清除了"已合并"列数据的前后空格

选择"已合并"列，执行"转换"→"拆分列"→"按分隔符"命令，如图 2-101 所示，打开"按分隔符拆分列"对话框，选择"空格"作为分隔符，如图 2-102 所示。

图 2-101 "拆分列"→"按分隔符"命令

图 2-102 在"按分隔符拆分列"对话框中选择"空格"作为分隔符

这样就得到了图 2-103 所示的表。

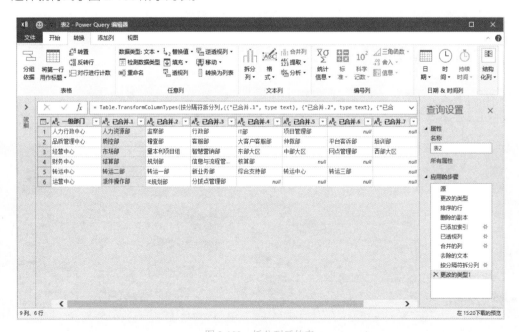

图 2-103 拆分列后的表

执行"转换"→"转置"命令，将表格进行转置，如图 2-104 所示。

图 2-104 转置后的表

执行"开始"→"将第一行用作标题"命令，得到图 2-105 所示的表。

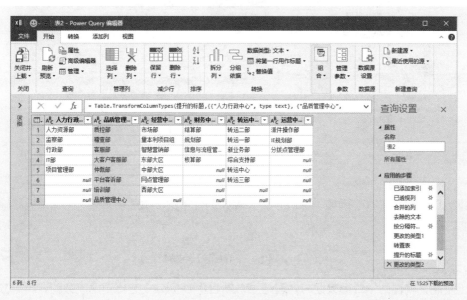

图 2-105 提升标题后的表

最后，将数据导出到 Excel 工作表，得到图 2-106 所示的结果。

图 2-106　得到需要的报表

2.3.7　把多行变一行：删除重复且积分最少的电话号码

案例 2-8

图 2-107 是这样一个例子：要求把左侧的三列数据整理成右侧的表，也就是说，如果是重复的手机号码，删除积分少的，保留一个积分最大的。

图 2-107　把左侧表格整理成右侧所示的表格

如果用函数来解决这个问题，则需要设计辅助列，如图 2-108 所示，在 D2 单元格输入下面的公式：

=IF(C2<MAXIFS(C:C,B:B,B2)," 删除 ","")

往下复制，就得到了每行数据的处理结果，然后将 D 列公式选择粘贴成数值，再建立筛选，将 D 列是"删除"的行删除。

也可以在单元格 D2 输入下面的公式，判断要保留的行，如图 2-109 所示。

$$=IF(C2=MAXIFS(C:C,B:B,B2),"\ 保留\ ","")$$

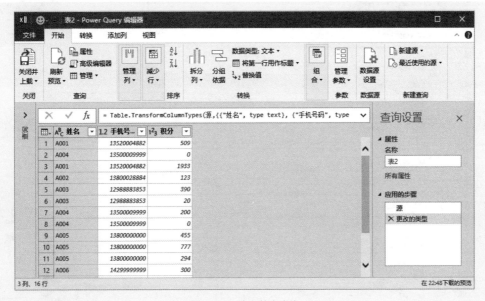

	A	B	C	D
1	姓名	手机号码	积分	结果
2	A001	'13520004882	509	删除
3	A004	'13500009999	0	删除
4	A001	'13520004882	1933	
5	A002	'13800028884	123	
6	A003	'12988883853	390	
7	A003	'12988883853	20	删除
8	A004	'13500009999	200	
9	A004	'13500009999	0	删除
10	A005	'13800000000	455	删除
11	A005	'13800000000	584	
12	A005	'13800000000	294	删除
13	A006	'14299999999	300	
14	A004	'13500009999	11	删除
15	A009	'12485868565	343	删除
16	A009	'12485868565	22	删除
17	A009	'12485868565	800	

	A	B	C	D
1	姓名	手机号码	积分	结果
2	A001	'13520004882	509	
3	A004	'13500009999	0	
4	A001	'13520004882	1933	保留
5	A002	'13800028884	123	保留
6	A003	'12988883853	390	保留
7	A003	'12988883853	20	
8	A004	'13500009999	200	保留
9	A004	'13500009999	0	
10	A005	'13800000000	455	
11	A005	'13800000000	777	保留
12	A005	'13800000000	294	
13	A006	'14299999999	300	
14	A004	'13500009999	11	
15	A009	'12485868565	343	
16	A009	'12485868565	22	
17	A009	'12485868565	800	保留

图 2-108　设计辅助列，使用公式判断要删除的行　　　　图 2-109　设计辅助列，使用公式判断要保留的行

如果要使用 Power Query 来处理这个问题就非常简单了，其主要步骤如下。

执行"数据"→"自表格 / 区域"命令，打开"Power Query 编辑器"窗口，如图 2-110 所示。

图 2-110　建立基本查询

这个查询把第二列电话号码的数据类型自动更改为小数，因此需要在编辑器右侧的"应用的步骤"中删除"更改的类型"这个步骤，如图 2-111 所示。这样就恢复了电话号码的数据类型为文本类型。

执行"开始"→"分组依据"命令，如图 2-112 所示。

打开"分组依据"对话框，进行如下设置，具体选项设置如图 2-113 所示。

(1) 选中"高级"选项按钮。

(2) 单击"添加分组"按钮，添加一个分组依据。

(3) 两个分组依据分别选择"姓名"和"手机号码"。

(4) 输入"新列名"为"积分"。

(5) 在"操作"下拉表中选择"最大值"。

(6) 在"柱"下拉表中选择"积分"。

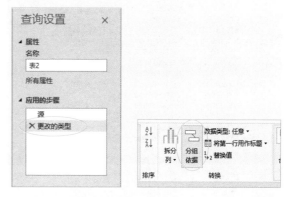

图 2-111　电话号码被自动　图 2-112　"分组依据"命令按钮
更改了数据类型

图 2-113　设置分组依据选项

这样就得到了图 2-114 所示的表，这个表仅仅留下了每个电话号码的最大积分行。

最后，关闭并上载数据到 Excel 表，如图 2-115 所示。

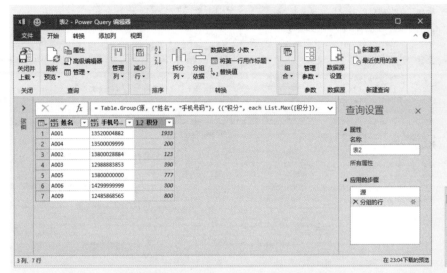

图 2-114 得到的每个积分最大的姓名和电话号码　　图 2-115 得到积分最大的电话号码

2.3.8 把多行变一行：整理不重复的考勤刷卡数据

从打卡机导出的考勤打卡数据往往会有很多重复打卡数据的情况，而且是分行保存的，此时不仅需要删除重复打卡数据，还要将流水的打卡数据整理为正确的签到时间和签退时间两列数据，此时，使用函数进行处理比较费时费力，且计算速度非常慢。

案例 2-9

图 2-116 所示的案例中，每个人有多次刷卡情况。现在要求把这个表格整理成图 2-117 所示的表，每个人每天一行数据，分别保存在"日期"、"签到时间"和"签退时间"三列。

这里假设每个人都是正常出勤（也就是签到或签退不存在漏打的情况）。

	A	B	C	D
1	部门名称	考勤号码	姓名	时间
2	办公室	11004006	张三	2019-08-01 07:13:38
3	办公室	11004006	张三	2019-08-01 07:35:52
4	办公室	11004006	张三	2019-08-01 07:53:16
5	办公室	11004006	张三	2019-08-01 10:16:34
6	办公室	11004006	张三	2019-08-01 11:37:11
7	办公室	11004006	张三	2019-08-01 11:52:31
8	办公室	11004006	张三	2019-08-01 11:53:28
9	办公室	11004006	张三	2019-08-01 14:10:32
10	办公室	11004006	张三	2019-08-01 14:38:22
11	办公室	11004006	张三	2019-08-01 14:47:25
12	办公室	11004006	张三	2019-08-01 14:48:25
13	办公室	11004006	张三	2019-08-01 17:29:45
14	办公室	11004006	张三	2019-08-04 06:58:00
15	办公室	11004006	张三	2019-08-04 07:31:31
16	办公室	11004006	张三	2019-08-04 07:53:38
17	办公室	11004006	张三	2019-08-04 07:54:31
18	办公室	11004006	张三	2019-08-04 11:33:03
19	办公室	11004006	张三	2019-08-04 11:49:35
20	办公室	11004006	张三	2019-08-04 11:50:27

8月

图 2-116　从考勤机导出的刷卡数据

	A	B	C	D	E	F
1	部门名称	考勤号码	姓名	日期	签到时间	签退时间
2	办公室	11004006	张三	2019-8-1	7:13:38	17:29:45
3	办公室	11004006	张三	2019-8-4	6:58:00	14:04:53
4	办公室	11004006	张三	2019-8-5	7:01:38	14:00:05
5	办公室	11004006	张三	2019-8-6	7:21:04	17:32:37
6	办公室	11004006	张三	2019-8-7	7:19:15	13:16:31
7	办公室	11004006	张三	2019-8-8	7:18:45	12:07:26
8	办公室	11004006	张三	2019-8-11	6:55:55	17:31:42
9	办公室	11004006	张三	2019-8-12	7:21:41	17:38:46
10	办公室	11004006	张三	2019-8-13	6:53:05	17:29:44
11	办公室	11004006	张三	2019-8-14	7:17:21	17:32:01
12	办公室	11004006	张三	2019-8-15	6:47:20	17:29:48
13	办公室	11004006	张三	2019-8-18	7:06:02	11:41:35
14	办公室	11004006	张三	2019-8-19	8:14:22	17:37:26
15	办公室	11004006	张三	2019-8-20	7:15:00	17:43:25
16	办公室	11004006	张三	2019-8-21	7:16:14	17:35:41
17	办公室	11004006	张三	2019-8-22	7:11:34	13:36:33
18	办公室	11004006	张三	2019-8-25	7:32:53	17:31:16
19	办公室	11004006	张三	2019-8-26	7:14:31	17:35:58
20	办公室	11004006	张三	2019-8-28	6:58:45	17:38:47

Sheet2　8月

图 2-117　需要整理成的标准表单

执行 "数据" → "自表格 / 区域" 命令，建立基本查询，如图 **2-118** 所示。

注意：这个查询把考勤号码的数据类型自动更改为整数，因此需要在右侧的 "应用的步骤" 中删除 "更改的类型"，恢复考勤号码为文本数据类型。

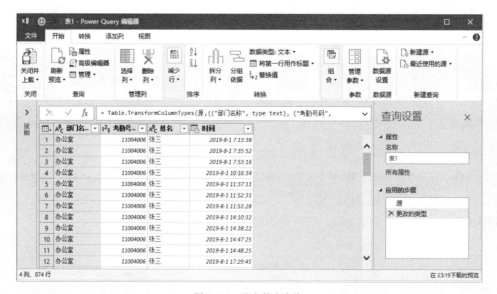

图 2-118　建立基本查询

选择第四列"时间",执行"转换"→"拆分列"→"按分隔符"命令,打开"按分隔符拆分列"对话框,选择"空格"作为分隔符号,并选中"最左侧的分隔符"单选按钮,如图 2-119 所示。

图 2-119　设置拆分列选项

这样就将日期和时间拆分成了两列,如图 2-120 所示。

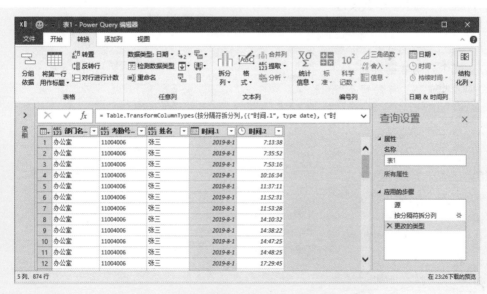

图 2-120　日期和时间被拆分成了两列

将列标题"时间 1"修改为"日期",列标题"时间 2"修改为"时间",如图 2-121 所示。

图 2-121　修改列标题名称

执行"分组依据"命令，打开"分组依据"对话框，进行如下设置，具体选项设置如图 2-122 所示。

（1）选中"高级"单选按钮。

（2）单击"添加分组"按钮，另添加三个分组依据。

（3）四个分组依据分别选择"部门名称""考勤号码""姓名"和"日期"。

（4）单击"添加聚合"按钮，添加新列。

（5）在第一个新列里输入"新列名"为"签到时间"，选择"操作"为"最小值"，选择"柱"为"时间"。

（6）在第二个新列里输入"新列名"为"签退时间"，选择"操作"为"最大值"，选择"柱"为"时间"。

图 2-122　设置分组依据选项

这样就得到了图 2-123 所示的表。最后将数据导出到 Excel 工作表即可。

图 2-123　处理完毕的每个员工每天的签到、签退时间

2.3.9　把一行变多行：重新排列地址与门牌号

案例 2-10

图 2-124 是这样的一个例子：A 列是施工日期，B 列是施工组，C 列是施工的街道和门牌号，现在要将左侧的表格整理成右侧的表。

	A	B	C	D	E	F	G	H	I	J
1	施工日期	施工组	施工地址				施工日期	施工组	街道	门牌号
2	2019-9-16	施工一组	学院路20号、30号、32号、111号、2019号				2019-9-16	施工一组	学院路	20号
3	2019-9-16	施工一组	平安大道9号、12号、200号、203号				2019-9-16	施工一组	学院路	30号
4	2019-9-17	施工二组	新河路20号、30号		结果如右		2019-9-16	施工一组	学院路	32号
5	2019-9-18	施工一组	上地西街100号、300号、201号				2019-9-16	施工一组	学院路	111号
6							2019-9-16	施工一组	学院路	2019号
7							2019-9-16	施工一组	平安大道	9号
8							2019-9-16	施工一组	平安大道	12号
9							2019-9-16	施工一组	平安大道	200号
10							2019-9-16	施工一组	平安大道	203号
11							2019-9-17	施工二组	新河路	20号
12							2019-9-17	施工二组	新河路	30号
13							2019-9-18	施工一组	上地西街	100号
14							2019-9-18	施工一组	上地西街	300号
15							2019-9-18	施工一组	上地西街	201号

图 2-124　将左侧的不规范表格整理成右侧的表

首先，建立基本查询，如图 **2-125** 所示。

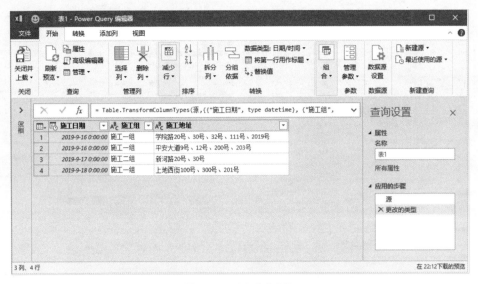

图 2-125　建立基本查询

将第一列"施工日期"的数据类型更改为"日期"，如图 **2-126** 所示。

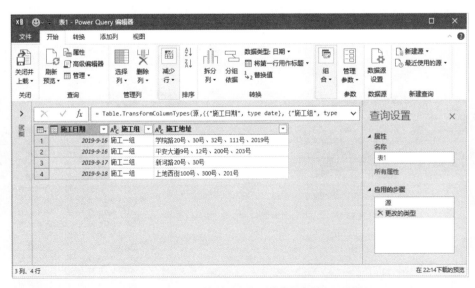

图 2-126　更改第一列"施工日期"的数据类型为"日期"

temp

这样就得到了图 2-130 所示的表。

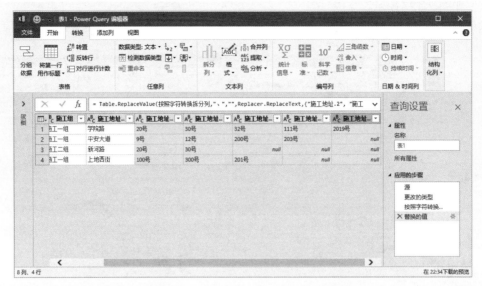

图 2-130 清除门牌号中顿号"、"后的表

选择门牌号各列，执行"转换"→"逆透视列"命令，就得到了图 2-131 所示的表。

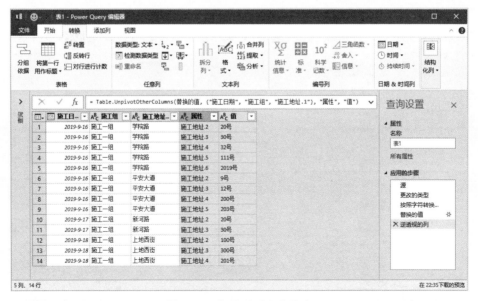

图 2-131 逆透视各个门牌号列

删除"属性"列，将"施工地址.1"列标题改为"施工地址"，将"值"列标题修改为"门牌号"，如图 2-132 所示。

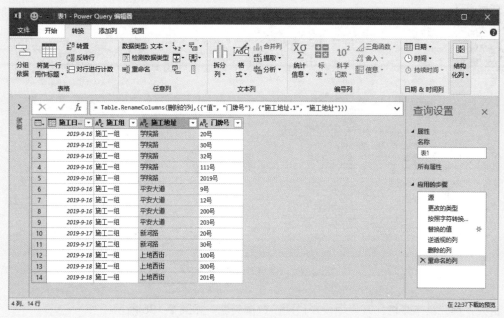

图 2-132　删除"属性"列，修改列标题

最后，将数据导出到 Excel 工作表，就得到了我们需要的表格，如图 2-133 所示。

	A	B	C	D
1	施工日期	施工组	施工地址	门牌号
2	2019-9-16	施工一组	学院路	20号
3	2019-9-16	施工一组	学院路	30号
4	2019-9-16	施工一组	学院路	32号
5	2019-9-16	施工一组	学院路	111号
6	2019-9-16	施工一组	学院路	2019号
7	2019-9-16	施工一组	平安大道	9号
8	2019-9-16	施工一组	平安大道	12号
9	2019-9-16	施工一组	平安大道	200号
10	2019-9-16	施工一组	平安大道	203号
11	2019-9-17	施工二组	新河路	20号
12	2019-9-17	施工二组	新河路	30号
13	2019-9-18	施工一组	上地西街	100号
14	2019-9-18	施工一组	上地西街	300号
15	2019-9-18	施工一组	上地西街	201号
16				

图 2-133　最终的表格

2.3.10 把一行变多行：整理报销人与报销金额

案例 2-11

图 2-134 是另外一个例子，在"摘要"列中，罗列了每个人的姓名及报销金额，这样的表格根本无法统计计算，因此需要将其转换为右侧的标准表单。

	A	B	C	D	E	F	G	H
1	日期	摘要				日期	姓名	金额
2	2019-9-16	张三2039.48，李四3996，王五258.69				2019-9-16	张三	2039.48
3	2019-9-16	郑杰浩585.32，明华443				2019-9-16	李四	3996
4	2019-9-17	皇甫嵩山3959.20，单惠359.35				2019-9-16	王五	258.69
5	2019-9-17	Jack5692，刘大红7951.45				2019-9-16	郑杰浩	585.32
6	2019-9-18	Tom3000				2019-9-16	明华	443
7						2019-9-17	皇甫嵩山	3959.2
8						2019-9-17	单惠	359.35
9						2019-9-17	Jack	5692
10						2019-9-17	刘大红	7951.45
11						2019-9-18	Tom	3000
12								

图 2-134　左侧原始表，右侧标准表单

首先，建立基本查询，并重新设置日期的数据类型，如图 2-135 所示。

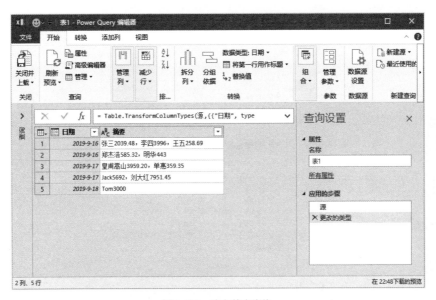

图 2-135　建立基本查询

选择第二列"摘要",进行如下的操作。

（1）执行"转换"→"拆分列"→"按分隔符"命令。

（2）打开"按分隔符拆分列"对话框。

（3）选择分隔符号"-- 自定义 --",输入逗号",。

（4）单击"高级选项"展开按钮,展开对话框。

（5）选中"行"单选按钮,如图 2-136 所示。

单击"确定"按钮,得到图 2-137 所示的结果。

执行"添加列"→"自定义列"命令,打开"自定义列"对话框,输入"新列名"为"姓名",输入下面的自定义列公式,如图 2-138 所示。

```
= Text.Remove([ 摘要 ],{"0".."9","."})
```

图 2-136　按分隔符拆分列,将各个人拆分成行

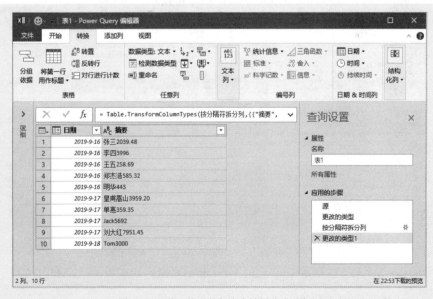

图 2-137　单元格里的每个人被拆分成了各行

图 2-138　自定义列"姓名"

这样就得到了一个新列"姓名"，提取出了每个人的姓名，如图 **2-139** 所示。

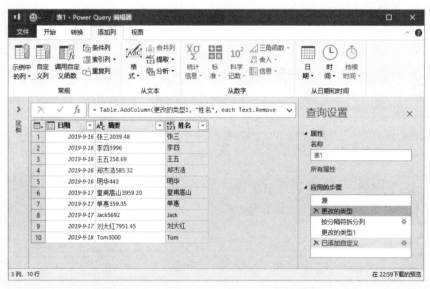

图 2-139　新列"姓名"提取出了每个人的姓名

使用相同的方法添加一个自定义列"金额"，其自定义列公式如下，如图 **2-140** 所示。

= Text.Select([摘要],{"0".."9","."})

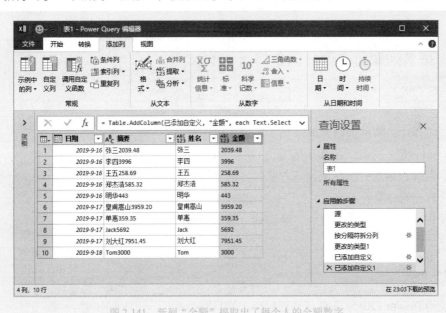

图 2-140 自定义列"金额"

这样就得到了一个新列"金额",提取出了每个人的金额数字,如图 2-141 所示。

图 2-141 新列"金额"提取出了每个人的金额数字

将"姓名"列的数据类型设置为"文本",将"金额"列的数据类型设置为"小数",并删除"摘要"列,如图 2-142 所示。

最后，将查询表导出到 Excel 工作表，如图 2-143 所示。

图 2-142　设置各列数据类型　　　　　　　　图 2-143　得到的标准表单

2.3.11　把多列变为一列：简单情况

案例 2-12

在实际工作中，将多列合并为一列的情况也是经常遇到的。图 2-144 就是一个简单的案例情况，日期被分成了年、月、日三列保存，这对分析数据是不方便的，需要将它们组合成一个真正的日期列。

如果使用函数，则需要设计一个辅助列，输入下面的公式，这样做也不复杂。

=DATE(A2,B2,C2)

如果使用 Power Query 来处理也很简单，而且适合处理数据量大的场合。

首先，建立基本查询，如图 2-145 所示。

	A	B	C	D	E
1	年	月	日	产品	销量
2	2019	6	7	产品1	34
3	2019	6	14	产品1	767
4	2019	1	21	产品2	133
5	2019	3	18	产品3	185
6	2019	1	7	产品3	496
7	2019	1	9	产品2	1045
8	2019	6	12	产品1	210
9	2019	2	16	产品6	746
10	2019	4	1	产品1	238
11	2019	11	26	产品4	501
12	2019	6	23	产品3	890
13	2019	3	6	产品5	724
14	2019	4	21	产品6	1457
15	2019	2	8	产品7	1431
16	2019	8	28	产品2	869
17	2019	9	21	产品6	656
18	2019	10	18	产品3	1424
19	2019	8	21	产品1	1188
20	2019	1	13	产品2	471

图 2-144　日期被分成了年、月、日三列保存

图 2-145　建立基本查询

选择前面三列"年""月"和"日"，执行"转换"→"合并列"命令，打开"合并列"对话框，在分隔符下拉表中选择"-- 自定义 --"，并输入分隔符"-"；在"新列名"输入框中输入"日期"，如图 2-146 所示。

图 2-146　设置合并列选项

这样就得到了新列"日期"，原有的"年""月""日"三列不复存在，如图 2-147 所示。

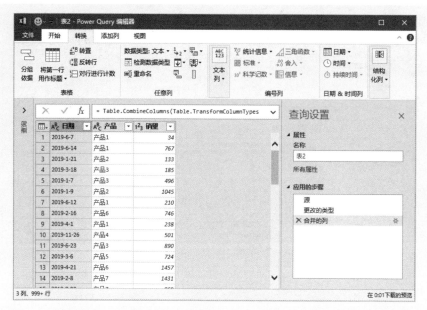

图 2-147　得到的"日期"列

将第一列"日期"的数据类型设置为"日期"，就得到了图 **2-148** 所示的标准表单。

图 2-148　标准规范的销售表单

2.3.12 把多列变为一列：复杂情况

前面介绍的案例比较简单，操作也很简单，无非就是使用"合并列"命令。下面介绍一个更复杂的案例。

案例 2-13

图 2-149 是一个比较复杂的情况，现在要求把左侧的表整理成右侧的表，这里要特别注意，除了要合并数据外，还要把英文单词的第一个字母变为大写。

图 2-149 左侧是不规范的数据，右侧是规范表格

下面是使用 Power Query 处理的主要步骤。

首先，建立基本查询，如图 2-150 所示。

图 2-150 建立基本查询

先进行如下基本设置。

（1）从第一列中筛选掉空值（null）行。

（2）将最后一列"Date"的数据类型设置为"日期"。

（3）将第一列标题"No"修改为"序号"。

（4）将最后一列标题"Date"修改为"日期"。

这样，查询表变为图 2-151 所示的情形。

图 2-151　筛选空行，设置日期类型，修改列标题

选择 Candidate Name 列和"列 1"，执行"转换"→"合并列"命令，打开"合并列"对话框，在分隔符下拉表中选择"-- 无 --"，在"新列名"输入框中输入"中文姓名"，如图 2-152 所示。

图 2-152　准备合并中文姓名

这样就得到了新列"中文姓名",如图 2-153 所示。

图 2-153　得到新列"中文姓名"

选择"列 2"和"列 3",执行"转换"→"合并列"命令,打开"合并列"对话框,在分隔符下拉表中选择"逗号",在"新列名"输入框中输入"英文姓名",如图 2-154 所示。

合并列

选择已选列的合并方式。

分隔符

逗号

新列名(可选)

英文姓名

确定　　取消

图 2-154　准备合并英文姓名

这样就得到了新列"英文姓名",如图 2-155 所示。

图 2-155　得到新列"英文姓名"

选择"英文姓名"列，执行"转换"→"格式"→"每个字词首字母大写"命令，如图 2-156 所示。这样就将不规范的英文名称首字母转换成了统一的大写字母，如图 2-157 所示。

图 2-156　"格式"→
　　　"每个字词首字母
　　　大写"命令

图 2-157　将英文姓名的字母进行了大小写规范处理

最后，将数据加载到 Excel 工作表，如图 2-158 所示。

	A	B	C	D
1	序号	中文姓名	英文姓名	日期
2	1	吴孟达	Wu ,Meng Da	2019-2-1
3	2	杜锋辉	Du,Feng Hui	2019-3-15
4	3	王明	Wang,Ming	2019-3-1
5	4	杨大强	Yang,Da Qiang	2019-2-1
6	5	梅明华	Mei,Ming Hua	2019-2-1
7	6	郭大双	Guo,Da Shuang	2019-2-1
8	7	何平	He,Ping	2019-2-1
9	8	俞宏	Yu,Hong	2019-4-12
10	9	黄大仙	Huang,Da Xian	2019-3-15
11	10	杨洁	Yang,Jie	2019-3-15
12	11	朱辉煌	Zhu,Hui Huang	2019-2-1
13				

图 2-158　得到规范的员工名单表

2.4　数据分列与数据提取

很多表格，尤其是从系统导入的表格，往往是比较混乱的，不同的数据保存在一列，或者含有关键词的列。此时，我们需要把这样的一列依据数据类型转换为多列，或者从该列数据中提取需要的信息，这就是数据分列与数据提取问题。

在 Excel 中，数据分列与数据提取的基本方法是使用分列工具和文本函数。本节我们结合工作中的实际问题，介绍如何使用 Power Query 来进行数据分列与数据提取。

之所以重点介绍如何使用 Power Query，是因为其可以在不改变原始表结构的情况下，直接得到一个需要的标准规范表单，并建立数据模型，为以后的数据分析提供基础，同时还可以建立与系统导入数据的动态链接，随时更新分析报告。

2.4.1　数据分列：根据一个分隔符

很多情况下，要分列的列数据中有分隔符，例如空格、逗号、分号，或者某些特殊的符号，此时分列是很简单的。

案例 2-14

图 2-159 是一个很经典的例子，所有数据都保存在了 A 列，现在要把其转换为图 2-160 所示的表单。

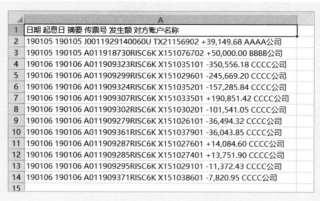

图 2-159　保存在一列的数据

	A	B	C	D	E	F	G
1	日期	起息日	摘要	传票号	借方发生额	贷方发生额	对方账户名称
2	2019-1-5	2019-1-5	J0011929140060U	TX21156902	39,149.68		AAAA公司
3	2019-1-5	2019-1-5	A011918730RISC6K	X151076702	50,000.00		BBBB公司
4	2019-1-6	2019-1-6	A011909323RISC6K	X151035101		350,556.18	CCCC公司
5	2019-1-6	2019-1-6	A011909299RISC6K	X151029601		245,669.20	CCCC公司
6	2019-1-6	2019-1-6	A011909324RISC6K	X151035201		157,285.84	CCCC公司
7	2019-1-6	2019-1-6	A011909307RISC6K	X151033501	190,851.42		CCCC公司
8	2019-1-6	2019-1-6	A011909302RISC6K	X151030201		101,541.05	CCCC公司
9	2019-1-6	2019-1-6	A011909279RISC6K	X151026101		36,494.32	CCCC公司
10	2019-1-6	2019-1-6	A011909361RISC6K	X151037901		36,043.85	CCCC公司
11	2019-1-6	2019-1-6	A011909287RISC6K	X151027601	14,084.60		CCCC公司
12	2019-1-6	2019-1-6	A011909285RISC6K	X151027401	13,751.90		CCCC公司
13	2019-1-6	2019-1-6	A011909295RISC6K	X151029101		11,372.43	CCCC公司
14	2019-1-6	2019-1-6	A011909371RISC6K	X151038601		7,820.95	CCCC公司
15							

图 2-160　要求制作的表单

这个案例可以使用 Excel 中的分列工具来解决。下面介绍具体操作方法。

执行"数据"→"自表格 / 区域"命令，打开"创建表"对话框，注意不要勾选"表包含标题"复选框，如图 2-161 所示。

不勾选"表包含标题"复选框是因为这个标题并不是真正的标题，而是需要分列的数据，分列后才能变为真正的标题。

这样就打开了"Power Query 编辑器"窗口，建立基本查询，如图 2-162 所示。

图 2-161　"创建表"对话框，取消勾选"表包含标题"复选框

图 2-162　建立基本查询

　　执行"转换"→"拆分列"→"按分隔符"命令，打开"按分隔符拆分列"对话框，选择分隔符为"空格"，其他参数保持默认设置，如图 2-163 所示。

图 2-163　选择分隔符为"空格"

这样就将原始的一列拆分成了几列，如图 2-164 所示。

图 2-164　按分隔符"空格"拆分后的表

执行"开始"→"将第一行用作标题"命令，提升标题，如图 2-165 所示。

图 2-165　提升标题

选择"发生额"列，执行"转换"→"拆分列"→"按分隔符"命令，打开"按分隔符拆分列"对话框，选择分隔符为"-- 自定义 --"，并输入分隔符为减号"-"，如图 2-166 所示。

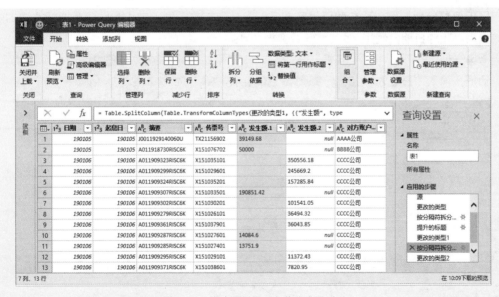

图 2-166 选择分隔符为"-- 自定义 --",并输入分隔符为减号"-"

单击"确定"按钮,就得到了图 2-167 所示的表。

图 2-167 发生额根据正负数分成了两列

将列标题"发生额 .1"和"发生额 .2"分别修改为"借方发生额"和"贷方发生额",并更改数据类型为"小数",如图 2-168 所示。

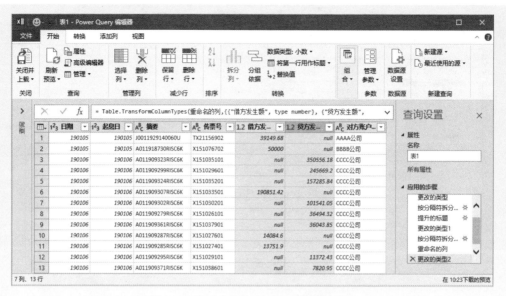

图 2-168　修改金额标题名称，设置数据类型

如果仅仅是分列，那么现在就已经完成了任务。但在这个例子中，我们还需要把左边的两列日期转换为真正的日期，例如，**190105** 要变为 **2019-1-5**，基本方法如下。

选择第一列"日期"，执行"转换"→"格式"→"添加前缀"命令，如图 2-169 所示。打开"前缀"对话框，输入"值"为"20"，如图 2-170 所示。

图 2-169　"格式"→"添加前缀"命令　　　　　　　图 2-170　输入"值"为"20"

这样就将第一列变为图 **2-171** 所示的情形。

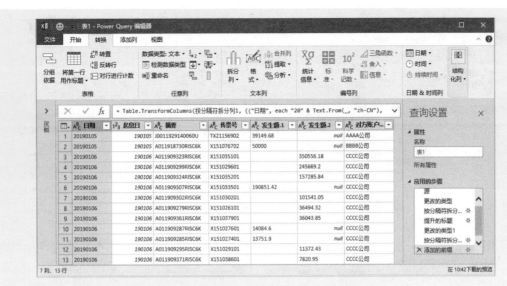

图 2-171　第一列的 6 位数日期变为 8 位数日期

将第一列"日期"的数据类型设置为"日期"，就得到了正确的日期，如图 2-172 所示。

图 2-172　第一列"日期"变成了真正的日期数字

使用同样的方法将第二列"起息日"也处理为真正的日期数字，如图 2-173 所示。

最后，将数据导出到 Excel 工作表，这就是我们需要的表单了。

图 2-173　第二列"起息日"变成了真正的日期数字

2.4.2　数据分列：根据多个分隔符

案例 2-15

图 2-174 是原始数据，需要整理成图 2-175 所示的表单。

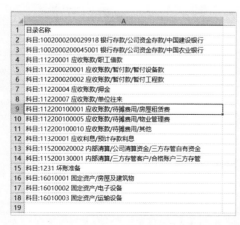

图 2-174　原始数据　　　　　　　　　图 2-175　要整理成的表单

这个表格的处理也不复杂，可以分成以下步骤来做。

第一步按冒号"："来拆分列。

第二步按空格拆分列。

第三步按斜杠"/"拆分列。

最后，修改列标题，将"科目编码"的数据类型设置为"文本"，就得到了我们需要的表单。下面简要说明利用 Power Query 分列的步骤。

首先，建立基本查询，如图 2-176 所示。

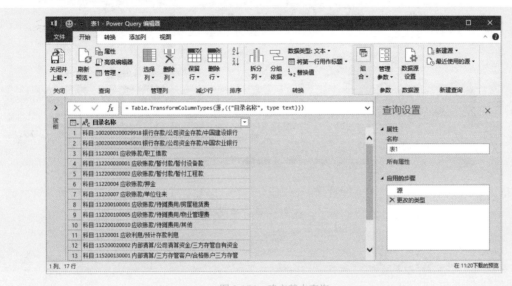

图 2-176 建立基本查询

执行"转换"→"拆分列"→"按分隔符"命令，打开"按分隔符拆分列"对话框，选择分隔符为"冒号"，如图 2-177 所示，就得到了图 2-178 所示的表。

图 2-177 选择分隔符为"冒号"

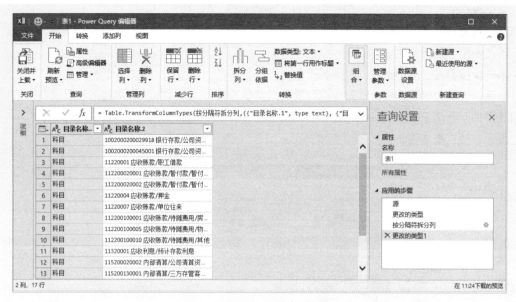

图 2-178　根据冒号拆分出第一列

选择第二列，执行"转换"→"拆分列"→"按分隔符"命令，打开"按分隔符拆分列"对话框，选择分隔符为"空格"，如图 2-179 所示，这就得到了图 2-180 所示的表。

图 2-179　选择分隔符为"空格"

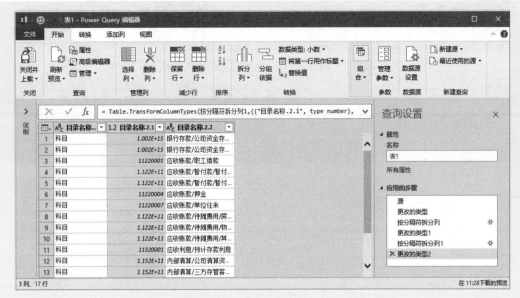

图 2-180　根据空格拆分出第二列

选择第三列，执行"转换"→"拆分列"→"按分隔符"命令，打开"按分隔符拆分列"对话框，选择"-- 自定义 --"，并输入斜杠"/"，如图 2-181 所示，这就得到了图 2-182 所示的表。

图 2-181　输入分隔符为斜杠"/"

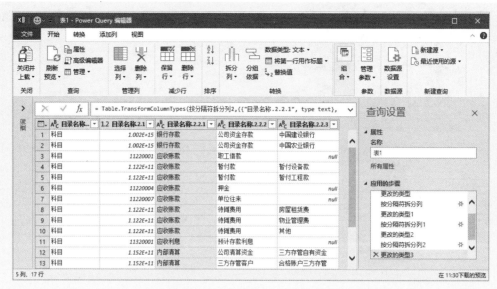

图 2-182　根据斜杠拆分出其他各列

最后删除第一列，修改其他各列标题，将"科目编码"的数据类型设置为"文本"，如图 **2-183** 所示。

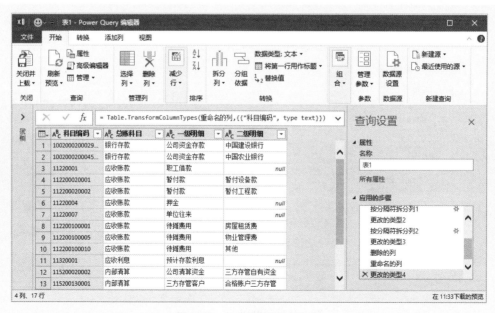

图 2-183　得到最终的规范表单

2.4.3 数据分列：根据字符数

如果表格数据的长度很有规律，就可以根据字符数来对数据进行分列。

根据字符数分列，可以指定左侧和右侧的字符个数，也可以每隔几个字符就拆分。

案例 2-16

图 2-184 是一个原始数据表的例子，A 列的合同编码左侧两位字母是合同类别，右侧 8 位数是合同签订日期，现在要根据 A 列生成两个新列"合同类别"和"合同日期"，效果如图 2-185 所示。

首先，建立基本查询，如图 2-186 所示。

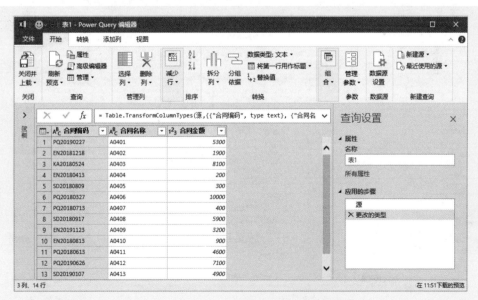

图 2-184　原始数据表　　　　　　　图 2-185　要求的表单

图 2-186　建立基本查询

选择第一列"合同编码",执行"添加列"→"重复列"命令,如图 2-187 所示。

这样就将合同编码列复制了一份,如图 2-188 所示。

选择复制的列"合同编码 - 复制",执行"转换"→"拆分列"→"按字符数"命令,如图 2-189 所示。

打开"按字符数拆分列"对话框,输入"字符数"为"2",选择"拆分"为"一次,尽可能靠左",如图 2-190 所示。

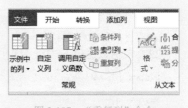

图 2-187 "重复列"命令

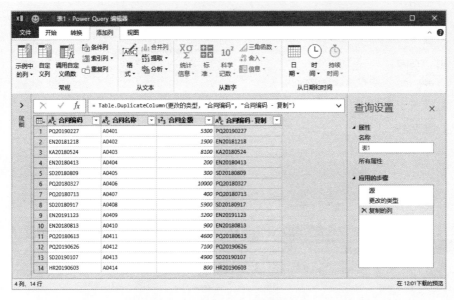

图 2-188 复制一列"合同编码"

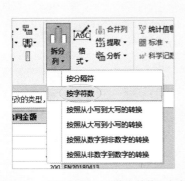

图 2-189 "拆分列"→"按字符数"命令

图 2-190 输入字符数"2",选择"一次,尽可能靠左"

这样就得到了图 2-191 所示的表。

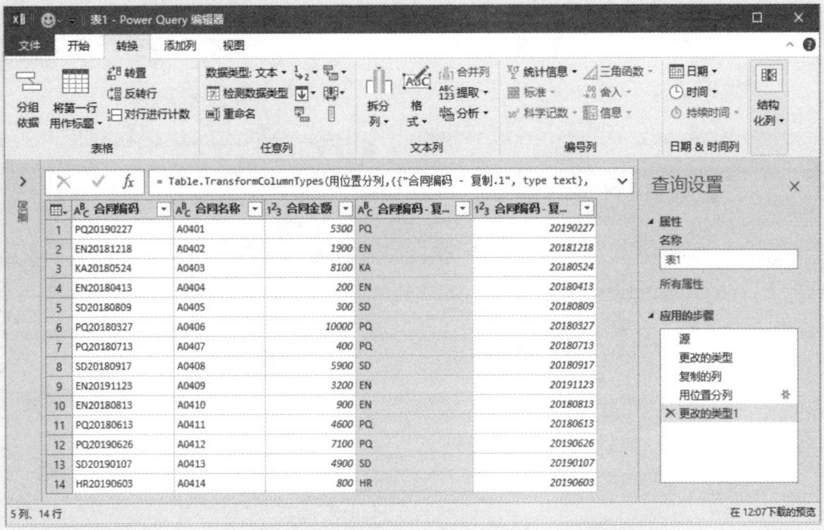

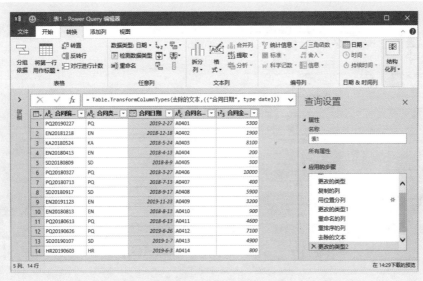

图 2-191　分列后的表

修改列标题，并将最后一列的数据类型设置为"日期"，调整列次序，就得到了图 2-192 所示的表。

图 2-192　最后需要的表

2.4.4 提取数据：利用分隔符

还有一些经常要做的数据处理，例如，从某列中提取所需要的信息，而原始列可以继续存在，也可以不再保留，这就是提取数据问题。

2.4.3 小节的合同数据处理问题，其实本质上就是提取数据问题。

案例 2-17

例如，对于图 2-193 所示的例子，要求从 B 列"材料编码名称"中提取出材料编码和材料名称，要求保留原始的列。材料编码和材料名称之间是分隔符"/"。

	A	B	C
1	会计期间	材料编码名称	领用数量
2	2019.08	1.4.1.2.00000001/滑动管架	12
3	2019.08	1.4.1.2.00000003/操作杆(3530)	20
4	2019.08	1.4.1.2.00000005/座部(组件)	3
5	2019.08	1.4.1.2.00000024/连接板补强板	2
6	2019.08	1.4.1.4.00000026/背部马达侧板	6
7	2019.08	1.4.2.7.201210TMM-DG-189C/川崎柱塞电柜（川崎）	2
8	2019.08	1.4.2.7.201211TMM-TR-192C/输送线（AW）	5
9	2019.08	1.4.2.8.201306TMM-235C/阀门通进清洗机	1
10	2019.08	1.4.2.8.201308UMCK-0021-250C/丰田输送线NO.40	8
11			

图 2-193　B 列的原始数据，需要提取材料编码和材料名称

建立基本查询，如图 2-194 所示。

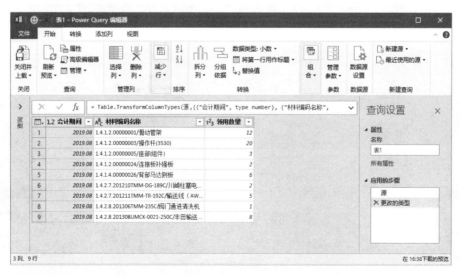

图 2-194　基本查询表

选择第二列"材料编码名称",执行"添加列"→"提取"→"分隔符之前的文本"命令,如图 2-195 所示,打开"分隔符之前的文本"对话框,输入分隔符"/",如图 2-196 所示。

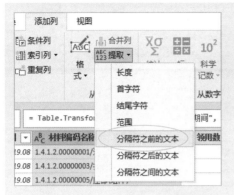

图 2-195 "提取"→"分隔符之前的文本"命令   图 2-196 输入分隔符"/"

这样就得到了图 2-197 所示的文本。

图 2-197 提取出的材料编码

选择第二列"材料编码名称",执行"添加列"→"提取"→"分隔符之后的文本"命令,打开"分隔符之后的文本"对话框,输入分隔符"/",就得到了材料名称,如图 2-198 所示。

图 2-198　提取出的材料名称

修改列标题名称，调整列次序，得到图 2-199 所示的表单。

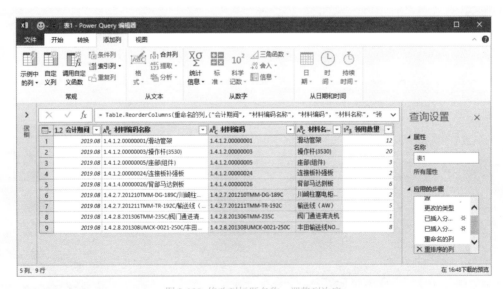

图 2-199　修改列标题名称，调整列次序

最后，将数据导出到 Excel 工作表，如图 2-200 所示。

	A	B	C	D	E
1	会计期间	材料编码名称	材料编码	材料名称	领用数量
2	2019.08	1.4.1.2.00000001/滑动管架	1.4.1.2.00000001	滑动管架	12
3	2019.08	1.4.1.2.00000003/操作杆(3530)	1.4.1.2.00000003	操作杆(3530)	20
4	2019.08	1.4.1.2.00000005/座部(组件)	1.4.1.2.00000005	座部(组件)	3
5	2019.08	1.4.1.2.00000024/连接板补强板	1.4.1.2.00000024	连接板补强板	2
6	2019.08	1.4.1.4.00000026/背部马达侧板	1.4.1.4.00000026	背部马达侧板	6
7	2019.08	1.4.2.7.201210TMM-DG-189C/川崎柱塞电柜(川崎)	1.4.2.7.201210TMM-DG-189C	川崎柱塞电柜(川崎)	2
8	2019.08	1.4.2.7.201211TMM-TR-192C/输送线(AW)	1.4.2.7.201211TMM-TR-192C	输送线(AW)	5
9	2019.08	1.4.2.8.201306TMM-235C/阀门通进清洗机	1.4.2.8.201306TMM-235C	阀门通进清洗机	1
10	2019.08	1.4.2.8.201308UMCK-0021-250C/丰田输送线NO.40	1.4.2.8.201308UMCK-0021-250C	丰田输送线NO.40	8
11					

图 2-200　整理完成的表单

案例 2-18

图 2-201 是另外一个例子，要求从 B 列"科目名称"中提取出部门名称。

首先，建立基本查询，如图 2-202 所示。

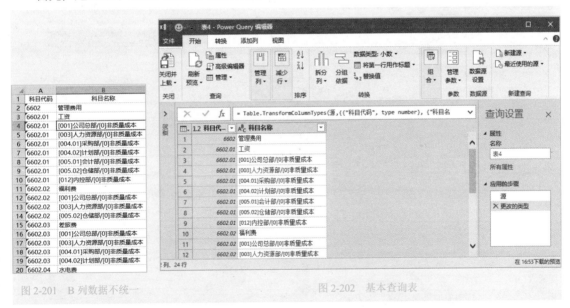

图 2-201　B 列数据不统一　　　　　图 2-202　基本查询表

选择第二列"科目名称"，执行"添加列"→"提取"→"分隔符之间的文本"命令，打开"分隔符之间的文本"对话框，输入"开始分隔符"为"]"，输入"结束分隔符"为"/"，如图 2-203所示。

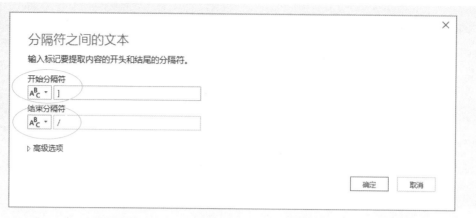

图 2-203　输入"开始分隔符"和"结束分隔符"

这样就得到了保存部门名称的新列，如图 2-204 所示。

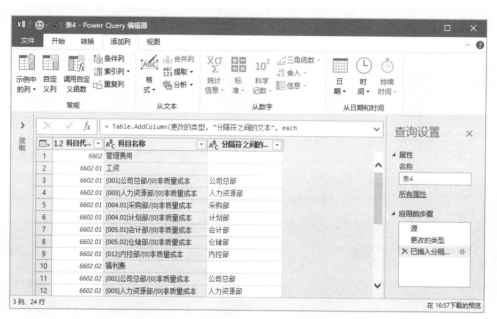

图 2-204　得到了部门名称列

最后，设置第一列"科目代码"的数据类型为文本，修改最后一列标题名称，再将数据导出到 Excel，就是我们需要的表单，如图 2-205 所示。

	A	B	C
1	科目代码	科目名称	部门
2	6602	管理费用	
3	6602.01	工资	
4	6602.01	[001]公司总部/[0]非质量成本	公司总部
5	6602.01	[003]人力资源部/[0]非质量成本	人力资源部
6	6602.01	[004.01]采购部/[0]非质量成本	采购部
7	6602.01	[004.02]计划部/[0]非质量成本	计划部
8	6602.01	[005.01]会计部/[0]非质量成本	会计部
9	6602.01	[005.02]仓储部/[0]非质量成本	仓储部
10	6602.01	[012]内控部/[0]非质量成本	内控部
11	6602.02	福利费	
12	6602.02	[001]公司总部/[0]非质量成本	公司总部
13	6602.02	[003]人力资源部/[0]非质量成本	人力资源部
14	6602.02	[005.02]仓储部/[0]非质量成本	仓储部
15	6602.03	差旅费	
16	6602.03	[001]公司总部/[0]非质量成本	公司总部
17	6602.03	[003]人力资源部/[0]非质量成本	人力资源部
18	6602.03	[004.01]采购部/[0]非质量成本	采购部
19	6602.03	[004.02]计划部/[0]非质量成本	计划部
20	6602.04	水电费	

图 2-205　提取出的部门名称

2.4.5　提取数据：利用字符数

如果要提取的字符串是指定长度的字符，则可以根据字符数来提取，从左边提取指定个数的字符（首字符，相当于 Excel 的 LEFT 函数），从右边提取指定的字符（结尾字符，相当于 Excel 的 RIGHT 函数），或者提取指定范围的字符（相当于 Excel 的 MID 函数）。

案例 2-19

图 2-206 是一个要求从身份证号码中提取生日的例子。

首先，建立基本查询，如图 2-207 所示。

选择第二列"身份证号码"，执行"添加列"→"提取"→"范围"命令，如图 2-208 所示。打开"插入文本范围"对话框，输入"起始索引"为"6"，输入"字符数"为"8"，如图 2-209 所示。

📢注意：第一个字符的索引号是 0，第二个字符的索引号是 1，以此类推。生日从第七个字符开始，因此其索引号是 6。

	A	B
1	姓名	身份证号码
2	张三	110108198502022289
3	李四	110108199612221113
4	王五	11010819930819223x
5	马六	110108200210062281
6	胡说	110108197809091289
7	赵八	110108199911025871

图 2-206　从身份证号码中提取生日

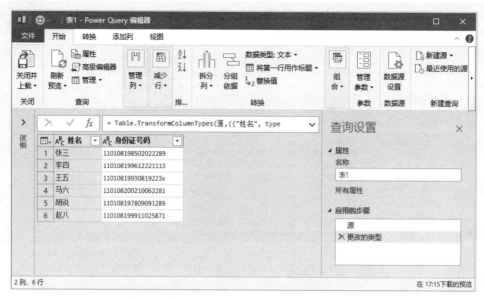

图 2-207　建立基本查询

图 2-208　"提取"→"范围"命令

图 2-209　输入"起始索引"和"字符数"

这样就得到了图 2-210 所示的新列。

将新列标题改为"出生日期",将其数据类型更改为"日期",如图 2-211 所示。

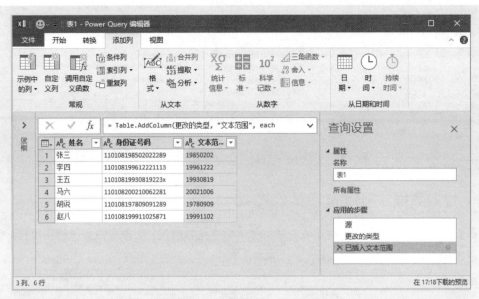

图 2-210　得到的新列

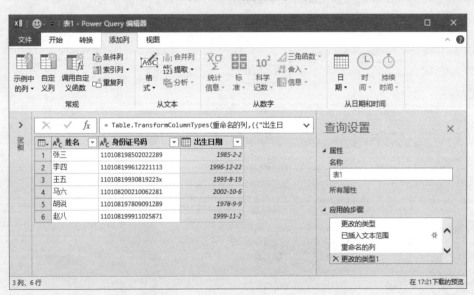

图 2-211　得到了真正的出生日期数据

最后，将数据导出到 Excel 工作表，如图 2-212 所示。

	A	B	C
1	姓名	身份证号码	出生日期
2	张三	110108198502022289	1985-2-2
3	李四	110108199612221113	1996-12-22
4	王五	11010819930819223x	1993-8-19
5	马六	110108200210062281	2002-10-6
6	胡说	110108197809091289	1978-9-9
7	赵八	110108199911025871	1999-11-2
8			

图 2-212　提取出的出生日期

2.4.6　提取数据：利用 M 函数公式

在很多情况下，从某列中提取字符，使用基本命令比较麻烦，可能要做多次转换操作。此时，我们可以使用 M 函数直接一步完成。

案例 2-20

图 2-213 是要求从 B 列中提取出产品名称和规格型号（B 列不允许丢失）的例子。

	A	B	C
1	凭证号	产品名称	入库数
2	In-049	钢排800*1800	218
3	In-050	钢吸800*4000	327
4	In-053	钢排700*1800-XP	19
5	In-055	钢排700*11800	326
6	In-058	扭丝钢绳750*3000-AL	316
7	In-059	扭丝钢绳600*275	385
8	In-060	扭丝钢绳600*10000	80
9	In-063	扭丝钢绳450*1500	80
10	In-065	扭丝钢绳450*2570L	373
11	In-066	扭丝钢绳150*4000-BL	183
12	In-067	钢排800*1800-XQ	174
13	In-068	扭丝钢绳800*500	218
14	In-069	钢吸800*4000	36
15	In-071	钢排700*1800-SA	329
16	In-073	钢排750*1800-AW	26
17	In-075	扭丝钢绳900*4000	341
18	In-077	扭丝钢绳250*4000	10
19			

图 2-213　要求从 B 列中提取产品名称和规格型号

首先，建立基本查询，如图 2-214 所示。

执行"添加列"→"自定义列"命令，打开"自定义列"对话框，输入新列名"名称"，输入下面的自定义列公式，如图 2-215 所示。

= Text.Remove([产品名称],{"0".."9","A".."Z","*","-"})

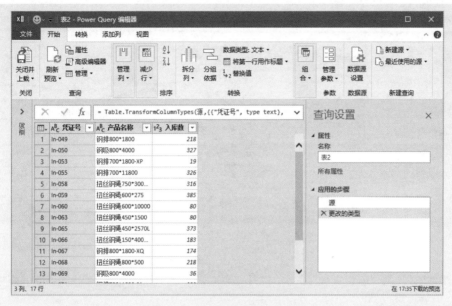

图 2-214　建立基本查询

图 2-215　自定义列"名称"

这样就从原始列中提取出了产品名称，如图 2-216 所示。

图 2-216　提取出的产品名称

执行"添加列"→"自定义列"命令，打开"自定义列"对话框，输入"新列名"为"规格型号"，输入下面的自定义列公式，如图 2-217 所示。

= Text.Select([产品名称],{"0".."9","A".."Z","*","-"})

自定义列

新列名

规格型号

自定义列公式：

= Text.Select([产品名称],{"0".."9","A".."Z","*","-"})

可用列：

凭证号
产品名称
入库数
名称

<< 插入

了解 Power Query 公式

✓ 未检测到语法错误。　　　　　　　　　　　确定　　取消

图 2-217　自定义列"规格型号"

这样就从原始列中提取出了规格型号，如图 2-218 所示。

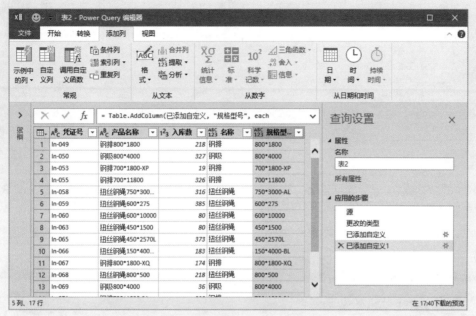

图 2-218　提取出的规格型号

最后，调整各列次序，并将查询表导出到 Excel 工作表，如图 2-219 所示。

	凭证号	产品名称	名称	规格型号	入库数
1	凭证号	产品名称	名称	规格型号	入库数
2	In-049	钢排800*1800	钢排	800*1800	218
3	In-050	钢吸800*4000	钢吸	800*4000	327
4	In-053	钢排700*1800-XP	钢排	700*1800-XP	19
5	In-055	钢排700*11800	钢排	700*11800	326
6	In-058	扭丝钢绳750*3000-AL	扭丝钢绳	750*3000-AL	316
7	In-059	扭丝钢绳600*275	扭丝钢绳	600*275	385
8	In-060	扭丝钢绳600*10000	扭丝钢绳	600*10000	80
9	In-063	扭丝钢绳450*1500	扭丝钢绳	450*1500	80
10	In-065	扭丝钢绳450*2570L	扭丝钢绳	450*2570L	373
11	In-066	扭丝钢绳150*4000-BL	扭丝钢绳	150*4000-BL	183
12	In-067	钢排800*1800-XQ	钢排	800*1800-XQ	174
13	In-068	扭丝钢绳800*500	扭丝钢绳	800*500	218
14	In-069	钢吸800*4000	钢吸	800*4000	36
15	In-071	钢排700*1800-SA	钢排	700*1800-SA	329
16	In-073	钢排750*1800-AW	钢排	750*1800-AW	26
17	In-075	扭丝钢绳900*4000	扭丝钢绳	900*4000	341
18	In-077	扭丝钢绳250*4000	扭丝钢绳	250*4000	10
19					

图 2-219　整理好的数据表单

案例 2-21

图 2-220 是较为复杂的一种情况。现在的任务是把 A 列的地址电话整理成两列，分别保存地址和电话号码。

图 2-220　复杂的地址和电话号码混杂的数据

这个问题的难点在于：地址里面也有数字，因此不能使用 Text.Select 函数或者 Text.Remove 函数做自定义列。

不过，我们可以尝试将数据反转，将电话号码翻转到地址的前面，然后再进行处理，因为地址与电话号码的特征是：电话号码的首字符是数字，而地址的末字符是文本。

建立基本查询，如图 2-221 所示。

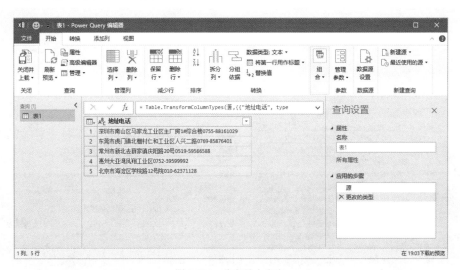

图 2-221　建立基本查询

执行"添加列"→"自定义列"命令，打开"自定义列"对话框，输入"新列名"为"反转"，输入下面的自定义列公式，如图 2-222 所示。

= Text.Reverse([地址电话])

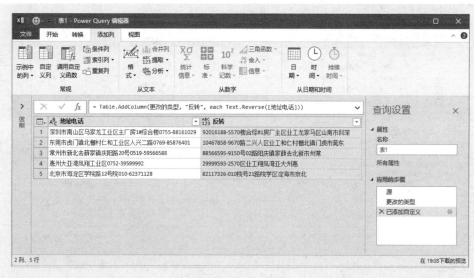

图 2-222 自定义列 "反转"

这样就得到了一个新列 "反转"，将原始列的字符左右反转，如图 2-223 所示。

图 2-223 自定义列 "反转"

选择自定义列 "反转"，执行 "转换" → "拆分列" → "按照从数字到非数字的转换" 命令，如图 2-224 所示，就得到了图 2-225 所示的几列数据。

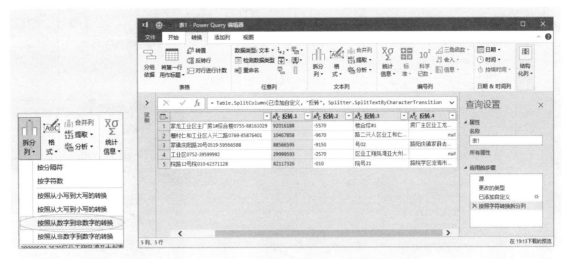

图 2-224　"拆分列"→
"按照从数字到非数字
的转换"命令

图 2-225　分列后的表

选择表示电话号码的两列，执行"转换"→"合并列"命令，将它们合并为一列；再选择表示地址的两列，执行"转换"→"合并列"命令，也将它们合并为一列，如图 2-226 所示。

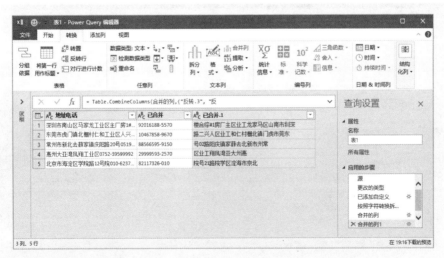

图 2-226　将电话号码合并，将地址合并

执行"添加列"→"自定义列"命令，打开"自定义列"对话框，输入"新列名"为"地址"，输入下面的自定义列公式，如图 2-227 所示。

```
= Text.Reverse([ 已合并 .1])
```

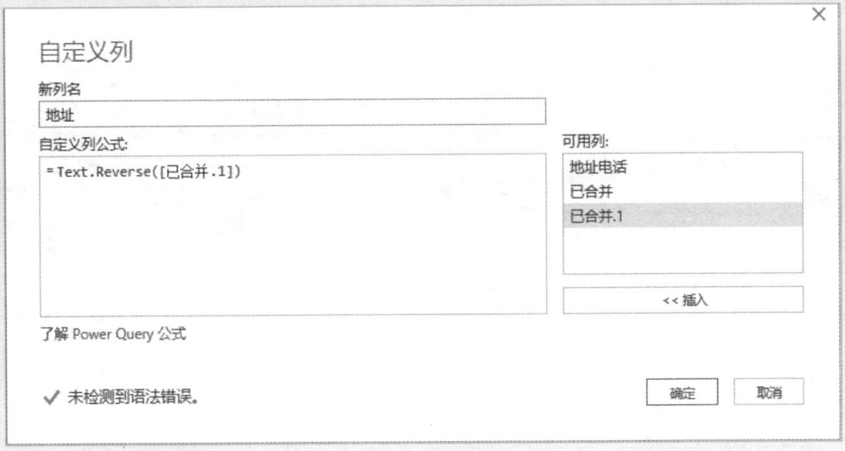

图 2-227　生成新的地址列

执行"添加列"→"自定义列"命令，打开"自定义列"对话框，输入"新列名"为"电话"，输入下面的自定义列公式，如图 **2-228** 所示。

```
= Text.Reverse([ 已合并 ])
```

图 2-228　生成新的电话列

这样就得到了图 **2-229** 所示的表。

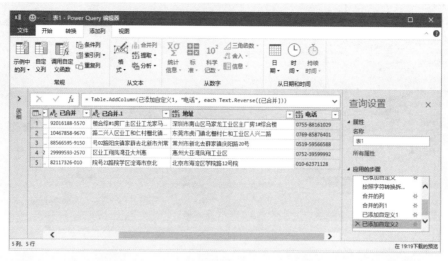

图 2-229　生成了两个新的地址列和电话列

删除前面不必要的列，保留新生成的地址列和电话列，如图 **2-230** 所示。

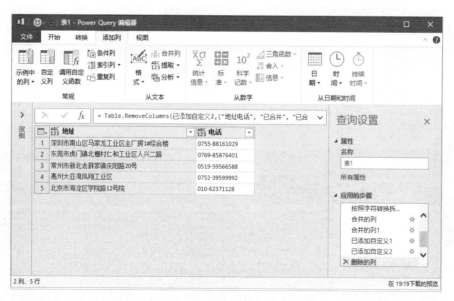

图 2-230　得到的地址列和电话列

最后，将表导出到 Excel 工作表，如图 **2-231** 所示。

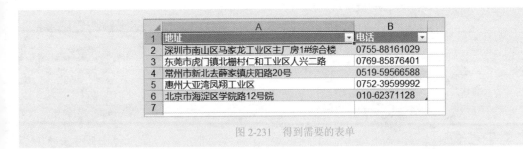

图 2-231　得到需要的表单

2.5 二维表格转换为一维表格

　　从本质上来说，二维表格实际上是阅读格式的报表，因此分析数据时非常不灵活。为了能更好地分析数据，一般情况下，需要将二维表格转换为一维表格。

　　将二维表格转换为一维表格的最简单方法是使用 Power Query 的逆透视功能。

2.5.1　一列文本的二维表格转换为一维表格

案例 2-22

　　图 2-232 是一个典型的二维表格，表格只有最左边一列文本和一行文本（标题）。现在要把这个表转换为图 2-233 所示的一维表格。

	A	B	C	D	E	F	G	H	I	J	K	L	M
1	部门	1月	2月	3月	4月	5月	6月	7月	8月	9月	10月	11月	12月
2	办公室	246	2177	3663	3362	1637	1288	324	994	348	1448	2617	1827
3	人力资源部	3051	3308	1639	1812	3686	1274	2098	3158	872	3271	396	1394
4	技术部	1684	1483	1296	686	1504	2938	2250	2597	1184	3325	2390	1430
5	营销部（国内）	1368	2476	508	1454	1912	832	2150	2883	2782	2878	2185	3398
6	营销部（国外）	3772	1315	1937	1897	1329	794	3722	3461	1243	2454	1782	2115
7	设备部	2591	2801	3611	680	1881	654	1659	3484	2858	425	3279	1539
8	生产部	1933	2160	2535	2769	1970	533	2598	1482	1010	2005	1296	2667
9	质检部	3002	2058	2287	1056	2296	1672	546	3636	1506	1691	1994	2442
10	信息网络部	2570	1916	503	598	997	2390	1053	953	1522	3811	1474	2606
11	客服部	2208	328	3580	3958	1144	1279	1358	2011	3162	1252	1913	1107
12													

图 2-232　经典二维表格

　　首先，建立基本查询，如图 2-234 所示。

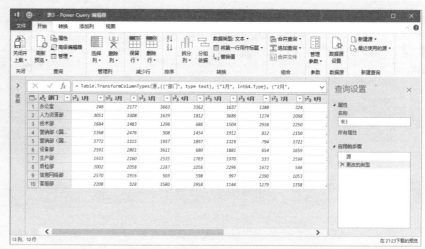

图 2-233　需要的一维表格　　　　　　　　　　图 2-234　建立基本查询

　　选择第一列，然后执行"转换"→"逆透视其他列"命令；或者选择各个月份的列，执行"转换"→"逆透视列"命令，如图 2-235 所示。

　　这样就得到了图 2-236 所示的表，这就是我们需要的一维表格。

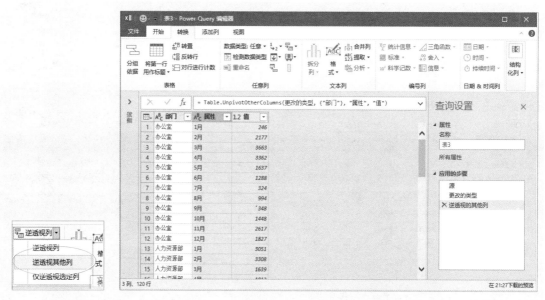

图 2-235　"逆透视列"命令　　　　　　　　图 2-236　转换得到的一维表格
　　　　　和"逆透视其他列"命令

将列标题"属性"和"值"分别修改为"月份"和"金额",如图 2-237 所示。

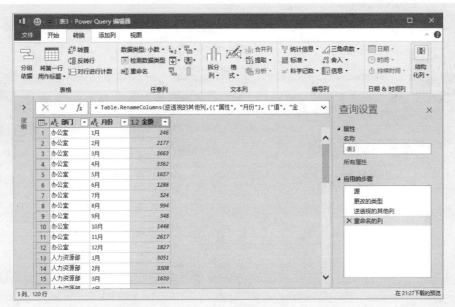

图 2-237　完成的一维表格

最后,执行"开始"→"关闭并上载"命令,将数据导出到 Excel 工作表即可。

案例 2-23

上面的例子中每个单元格都是有数据的,如果含有空单元格呢?图 2-238 就是这样的一个二维表格。

这样的表格处理方法与前面介绍的完全一样,建立查询,逆透视各个"尺码"列就会自动制作一维表,而没有数据的商品代码和尺码是不会出现在一维表明细中的,如图 2-239 所示。

商品代码	025	026	027	028	036	037	038	001	00L	00M	00S	0XL	小计
R103003-04								3					3
R103008-70									4	4	4	4	16
R103011-09									14				14
R103016-70											40		40
R103017-80									4	4	4	4	16
R103017-04									4	4	4		12
R103023-80									4	4	4	4	16
R103023-70											4		4
R103053-72								50					50
R103055-70								60					60
R103055-51								60					60
R103055-04								60					60
R103058-72													
R103061-07													16
R103081-34	4	4	4	4									16
R103081-05	4	4	4	4									16
R103099-70										15	15		30
R104002-70						4	4						8
R104005-80													

Sheet1

商品代码	尺码	数量
R103003-04	00L	3
R103008-70	00S	4
R103008-70	0XL	4
R103008-70	00L	4
R103008-70	00M	4
R103011-09	00L	14
R103016-70	00S	40
R103017-04	00L	4
R103017-04	00M	4
R103017-04	00S	4
R103017-80	00M	4
R103017-80	00L	4
R103017-80	0XL	4
R103017-80	00S	4
R103023-70	00S	4
R103023-80	0XL	4
R103023-80	00M	4
R103023-80	00L	4

Sheet2　Sheet1

图 2-238　有空单元格的二维表格　　　　图 2-239　转换得到的二维表格

2.5.2 多列文本的二维表格转换为一维表格

不论是只有一列文本的标准二维表格，还是有多列文本的二维表格，都可以使用逆透视列的方法进行快速转换。

案例 2-24

图 2-240 就是有多列文本的准二维表格，现在要将其转换为图 2-241 所示的一维表格。

	A	B	C	D	E	F	G	H	I	J	K	L	M	N	O
1	地区	产品	1月	2月	3月	4月	5月	6月	7月	8月	9月	10月	11月	12月	合计
2	东北	产品4	878	483	479	305	327	601	485	526	854	387	841	589	6755
3	华北	产品1	975	451	554	839	425	557	304	993	830	634	614	802	7978
4	华北	产品3	683	319	640	394	913	789	382	734	736	391	530	910	7421
5	华北	产品5	318	788	731	660	740	901	424	696	791	406	480	603	7538
6	华东	产品3	364	470	770	935	943	645	641	702	382	357	594	957	7760
7	华东	产品4	781	342	989	836	465	595	803	355	762	598	893	658	8077
8	华东	产品1	755	782	873	763	568	690	351	340	301	340	340	870	6953
9	华南	产品2	623	653	690	891	799	616	943	692	796	622	750	759	8834
10	华南	产品3	882	726	880	323	611	642	748	589	951	937	581	709	8579
11	华南	产品4	701	622	476	799	552	972	514	979	927	482	900	554	8478
12	华南	产品5	681	459	325	455	740	477	572	721	701	595	720	708	7154
13	华中	产品2	936	744	353	951	633	843	318	376	835	710	347	728	7774
14	华中	产品3	766	520	542	529	927	749	951	513	796	892	989	680	8854
15	华中	产品4	848	463	825	657	420	650	896	859	1000	500	724	533	8375
16	西北	产品2	360	774	578	361	927	934	511	575	519	905	342	843	7629
17	西北	产品3	887	534	493	773	904	964	373	594	411	764	784	874	8155
18	西南	产品1	809	560	730	428	925	470	716	868	833	559	659	575	8132
19	西南	产品2	740	369	787	788	878	345	635	599	605	794	816	8021	
20															

图 2-240 有多列文本的准二维表格

	A	B	C	D
1	地区	产品	月份	金额
2	东北	产品4	1月	878
3	东北	产品4	2月	483
4	东北	产品4	3月	479
5	东北	产品4	4月	305
6	东北	产品4	5月	327
7	东北	产品4	6月	601
8	东北	产品4	7月	485
9	东北	产品4	8月	526
10	东北	产品4	9月	854
11	东北	产品4	10月	387
12	东北	产品4	11月	841
13	东北	产品4	12月	589
14	华北	产品1	1月	975
15	华北	产品1	2月	451
16	华北	产品1	3月	554
17	华北	产品1	4月	839
18	华北	产品1	5月	425
19	华北	产品1	6月	557
20	华北	产品1	7月	304

图 2-241 要求制作的一维表格

首先，建立基本查询，如图 2-242 所示。

删除右侧的"合计"列（如果有的话，本案例是有的）。

选择前两列"地区"和"产品"，执行"转换"→"逆透视其他列"命令，就得到图 2-243 所示的表。

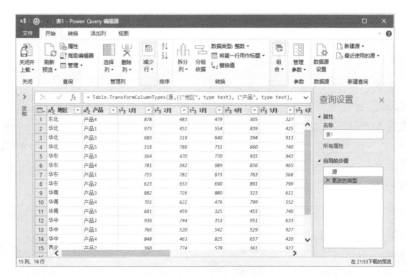

图 2-242 建立基本查询

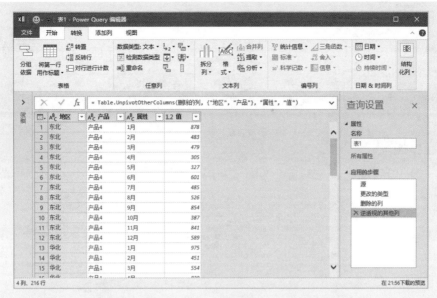

图 2-243　逆透视各个月份数据

　　将列标题"属性"和"值"分别修改为"月份"和"金额"，如图 2-244 所示，就得到了我们需要的一维表格。

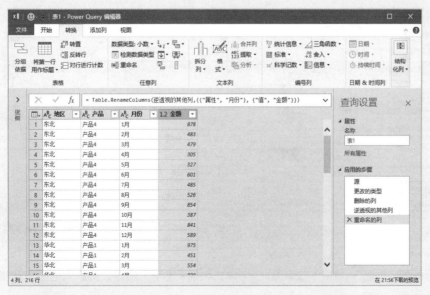

图 2-244　修改默认的列标题名称

2.5.3　有合并单元格的多列文本的二维表格转换为一维表格

也有这样的准二维表格：多列文本，外层的文本列有合并单元格，此时，同样使用 Power Query 的逆透视功能进行科学快速地转换。

案例 2-25

图 2-245 是原始表，A 列"地区"中有合并单元格，现在要求将这个表制作成图 2-246 所示的一维表格。

建立基本查询，如图 2-247 所示。

地区	产品	1月	2月	3月	4月	5月	6月	7月	8月	9月	10月	11月	12月	总计
东北	产品4	878	483	479	305	327	601	485	526	854	387	841	589	6755
	产品1	975	451	554	839	425	557	304	993	830	634	614	802	7978
华北	产品3	683	319	640	394	913	789	382	734	736	391	530	910	7421
	产品5	318	788	731	660	740	901	424	696	791	406	480	603	7538
	产品1	755	782	873	763	568	690	351	340	301	320	340	870	6953
华东	产品2	623	653	690	891	799	616	943	692	796	622	750	759	8834
	产品4	364	470	770	935	943	645	641	702	382	357	594	957	7760
	产品4	781	342	989	836	465	595	803	355	762	598	893	658	8077
华南	产品3	882	726	880	323	611	642	748	589	951	937	581	709	8579
	产品1	701	622	476	799	552	972	514	979	927	482	900	554	8478
	产品5	681	459	325	455	740	477	572	721	701	595	720	708	7154
华中	产品4	936	744	353	951	633	843	318	376	835	710	347	728	7774
	产品3	766	520	542	529	927	749	951	513	796	892	989	680	8854
	产品4	848	463	825	657	420	650	896	859	1000	500	724	533	8375
西北	产品2	360	774	578	361	927	934	511	575	519	305	342	843	7629
	产品3	887	534	493	773	592	883	964	373	594	933	764	784	8574
西南	产品1	809	560	730	428	925	470	716	868	833	559	659	575	8132
	产品2	740	369	787	788	878	345	635	599	605	794	816	665	8021
	产品1	2539	1793	2157	2030	1918	1717	1371	2201	1964	1513	1613	2247	23063
	产品2	2659	2540	2408	2991	3237	2738	2407	2242	2755	3031	2255	2995	32258
总计	产品3	3582	2569	3325	2954	3986	3708	3686	2911	3459	3510	3458	4040	41188
	产品4	3208	1910	2769	2597	1764	2818	2698	2719	3543	1967	3358	2334	31685
	产品5	999	1247	1056	1115	1480	1378	996	1417	1492	1001	1200	1311	14692

图 2-245　原始表，A 列有合并单元格

地区	产品	月份	金额
东北	产品4	1月	878
东北	产品4	2月	483
东北	产品4	3月	479
东北	产品4	4月	305
东北	产品4	5月	327
东北	产品4	6月	601
东北	产品4	7月	485
东北	产品4	8月	526
东北	产品4	9月	854
东北	产品4	10月	387
东北	产品4	11月	841
东北	产品4	12月	589
东北	产品4	总计	6755
华北	产品1	1月	975
华北	产品1	2月	451
华北	产品1	3月	554
华北	产品1	4月	839
华北	产品1	5月	425
华北	产品1	6月	557

图 2-246　要求的一维表格

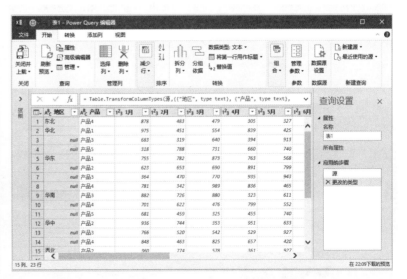

图 2-247　建立基本查询

选择第一列"地区"，执行"转换"→"填充"→"向下"命令，将该列的空单元格进行填充，如图 2-248 所示。

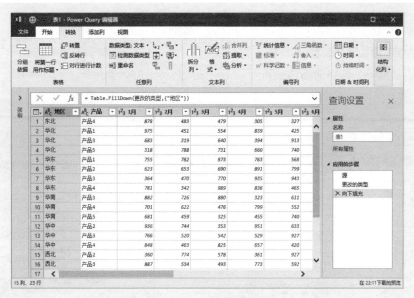

图 2-248　填充第一列的空单元格

对前两列"地区"和"产品"执行"转换"→"逆透视其他列"命令，得到图 2-249 所示的表。最后修改默认的列标题名称，将数据导出到 Excel 工作表。

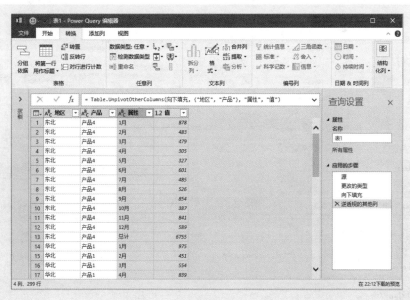

图 2-249　逆透视后的一维表格

2.5.4　有合并单元格标题的多列文本的二维表格转换为一维表格

也有更为复杂的二维表格，不仅有多列文本（合并单元格），还有多行文本标题（合并单元格），这样的表格也就是一个纯粹的阅读报告而已，无法进行灵活的数据分析。

案例 2-26

图 2-250 就是这样的一种情况，现在要将其转换为图 2-251 所示的一维表格。

图 2-250　原始的阅读格式表格　　　　　图 2-251　要求制作的一维表格

首先，建立基本查询，如图 2-252 所示。这里要注意，在"创建表"对话框中要勾选"表包含标题"复选框。

选择第一列，执行"转换"→"填充"→"向下"命令，对该列空单元格进行填充，如图 2-253 所示。

图 2-252　基本查询表

图 2-253　填充第一列的空单元格

执行"开始"→"将第一行用作标题"命令，对标题进行降级，如图 2-254 所示。

图 2-254　将表的标题作为第一行

执行"转换"→"转置"命令，将整个表进行转置，如图 2-255 所示。

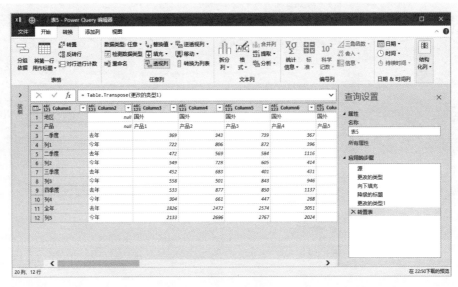

图 2-255 转置整个表

选择第一列，使用"替换值"命令，将默认的"列 1""列 2""列 3""列 4"和"列 5"分别替换为"一季度""二季度""三季度""四季度""全年"，如图 2-256 所示。

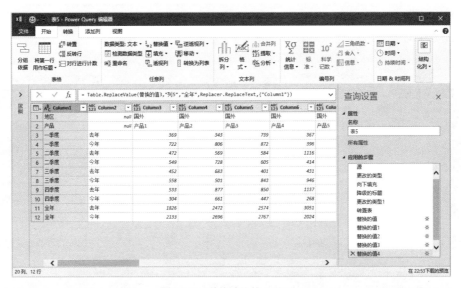

图 2-256 替换默认的"列 n"

选择前两列,执行"转换"→"合并列"命令,使用逗号作为分隔符将它们合并为一列,如图2-257所示。

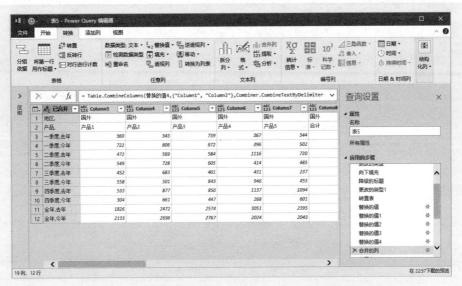

图 2-257 合并前两列后的新列"已合并"

执行"转换"→"转置"命令,再将表进行转置,如图 2-258 所示。

图 2-258 再次转置表

执行"开始"→"将第一行用作标题"命令，提升标题，如图 2-259 所示。

图 2-259　提升标题

选择前两列，然后执行"转换"→"逆透视其他列"命令，得到图 2-260 所示的表。

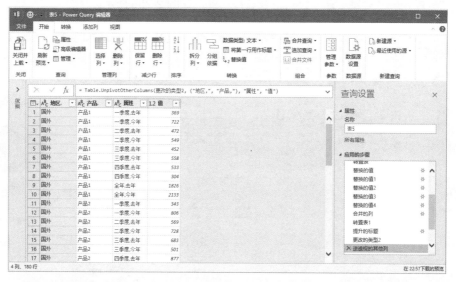

图 2-260　逆透视列后的表

选择"属性"列，执行"转换"→"拆分列"→"按分隔符"命令，使用逗号作为分隔符号，将这列再次拆分成两列，如图 2-261 所示。

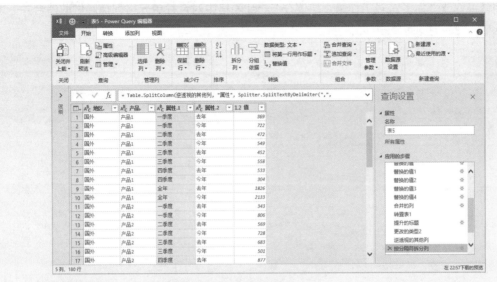

图 2-261　重新拆分列

修改列标题名称，并调整列的先后次序，如图 2-262 所示。

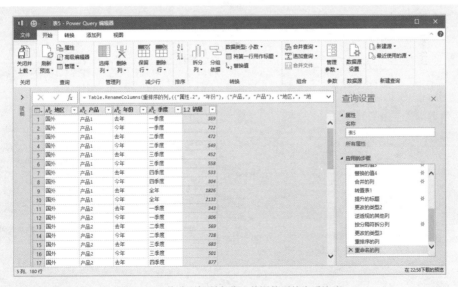

图 2-262　修改列标题名称，并调整列的先后次序

最后，将查询表导出到 Excel 工作表即可。

说明：在上面的操作中，最麻烦的是修改默认"列 n"名称这一步，采用了替换值的方法一个一个地替换修改。为了减轻工作量，建议在 Excel 表格中对合并单元格列标题做取消合并，填充空单元格，使各列均有标题。

第3章

整理表格数据

Excel

　　即使表格结构已经满足了表单的基本要求，但在很多情况下，数据也是五花八门的，看起来似乎是数字，实际却是文本；看起来是日期，却无法计算；看起来干干净净的数据，却无法匹配和查找等，这些都是数据不规范的问题。

3.1 严格对待数据模型

如果要建立一个自动化数据分析模型，就必须认真对待数据的不同类型，使数据能够被正确辨识和计算。

3.1.1 数据的分类

从本质上来说，Excel 处理的数据主要有四种：文本、日期 / 时间、数字和逻辑值。

文本，诸如汉字、字母、符号等，又称为文本字符串。文本不能参与算述运算。

日期 / 时间，包括日期和时间，实质上是数字，其中日期是从 1 开始的序列号（1 代表 1900 年1 月 1 日），时间是以天为单位的小数（1 小时就是 1/24 天）。

数字，可以进行算术运算的数据。

逻辑值，只有两个，即 TRUE 和 FALSE。

在 Power Query 中，还有第五种数据：空值 "null"，表示单元格没有数据。

3.1.2 数据类型的种类

从建立数据模型的角度来说，列数据的数据类型主要有以下几种。

- ◎ 数值型：小数、货币、整数、百分比。
- ◎ 日期时间型：日期、时间、日期 / 时间。
- ◎ 文本型：文本。
- ◎ 逻辑型：True/False。

因此，在处理数据时，首先必须保证各列的数据类型是正确的，数据是规范的，不能有非法数据。

3.1.3 常见的数据不规范问题

在实际数据处理中，常见的不规范数据有以下几种情况。

- ◎ 汉字名称中有空格，或者英语名称中的空格有多有少。
- ◎ 名称不统一。
- ◎ 数字格式不统一，有的单元格是文本型数字，有的是数值型数字。
- ◎ 本来应该是文本型数字的，却保存为数值型数字。

◎ 本来是数值型数字用于计算的，由于是文本型数字，无法计算。

◎ 非法格式日期，无法对日期进行计算。

◎ 大量的空单元格，而这些空单元格本来应该是有数据的。

◎ 数据中含有眼睛看不见的空格、特殊字符。

下面我们就常见的数据不规范问题及其处理方法，结合实际案例进行介绍。

3.2 清除数据中眼睛看不见的字符

眼睛看不见的字符包括字符前后及中间的空格、某些特殊字符。这些字符会影响数据分析结果的正确性，甚至会无法计算，需要根据具体情况进行处理。

3.2.1 清除字符中的空格

清除空格很简单，直接在 Excel 里查找替换就可以了。不过，如果是英文单词，则需要保留单词之间的一个空格，这就不能做查找替换了，但可以使用 TRIM 函数进行处理。

例如，图 3-1 所示的是中文名称和英文名称表格，字符中间、前后会出现很多空格，此时，先使用查找替换的方法将 A 列的空格替换掉，然后在 C 列输入公式"=TRIM(B2)"，向下复制得到标准的英文名称，如图 3-2 所示，最后再将 C 列数据选择性粘贴到 B 列，得到最终的标准数据。

	A	B
1	中文名称 DESCRIPTION IN CHINESE	英文名称 DESCRIPTION IN ENGLISH
2	Q420　底座装配	BASE　　ASSEMBLY-Q420
3	Q320　底座装配	BASE　　ASSEMBLY-Q320
4	窄体机　底座焊合	Base　Weld　Assy -Narrow　Body
5	窄体机　　　底座横梁	Narrow Body Base Bracket-Horizontal
6	底座纵梁	Base Bracket-Vertical
7	立柱定位销	Pin for Column
8	底座轴套	Bush　in　Base
9	120°沉头铆　螺母　M8X16.5	Rivet Nut　M8X16.5
10	底座门垫	Door Support
11	十字槽盘头螺钉M5X10	Cross　　Head　　Screw　　M5X10
12	底座孔盖	Base Hole　　Cover
13	Q320防漏盘选用套件	Q320　Leak plate Set- Option
14	Q320底座防漏盘	Leak plate-Narrow Body
15	底座防漏盘密封垫	Rubber Seal for Leak plate

图 3-1　存在大量空格的表格

| C2 | | | | fx | =TRIM(B2) | | |

	A	B	C
1	中文名称DESCRIPTIONINCHINESE	英文名称 DESCRIPTION IN ENGLISH	
2	Q420底座装配	BASE ASSEMBLY-Q420	BASE ASSEMBLY-Q420
3	Q320底座装配	BASE ASSEMBLY-Q320	BASE ASSEMBLY-Q320
4	窄体机底座焊合	Base Weld Assy -Narrow Body	Base Weld Assy -Narrow Body
5	窄体机底座横梁	Narrow Body Base Bracket-Horizontal	Narrow Body Base Bracket-Horizontal
6	底座纵梁	Base Bracket-Vertical	Base Bracket-Vertical
7	立柱定位销	Pin for Column	Pin for Column
8	底座轴套	Bush in Base	Bush in Base
9	120°沉头铆螺母M8X16.5	Rivet Nut M8X16.5	Rivet Nut M8X16.5
10	底座门垫	Door Support	Door Support
11	十字槽盘头螺钉M5X10	Cross Head Screw M5X10	Cross Head Screw M5X10
12	底座孔盖	Base Hole Cover	Base Hole Cover
13	Q320防漏盘选用套件	Q320 Leak plate Set- Option	Q320 Leak plate Set- Option
14	Q320底座防漏盘	Leak plate-Narrow Body	Leak plate-Narrow Body
15	底座防漏盘密封垫	Rubber Seal for Leak plate	Rubber Seal for Leak plate

图 3-2　使用 TRIM 函数规范英文名称

3.2.2　清除字符中的特殊字符

很多情况下，表格里会含有眼睛看不见的特殊字符，影响计算。处理这样特殊字符的方法可以使用查找替换工具，将特殊字符清除，也可以使用 Power Query 来快速处理。

案例 3-1

例如，对于图 3-3 所示的表格数据，A 列和 C 列数据中都有眼睛看不见的特殊字符，如果将单元格字体设置为 "Symbol"，就可以看到，数据的前后都有内容存在，如图 3-4 所示。

	A	B	C
1	业务编号	摘要	金额
2	0401212	A0103	4,476.32
3	0401211	A0104	17,620.00
4	0401210	A0105	4,665.60
5	0401209	A0106	2,674.75
6	0401208	A0107	1600.00
7	0401206	A0109	8800.00
8	0401205	A0110	59411.00
9	0401203	A0112	10500.00
10	0401202	A0113	459.60
11	0401201	A0114	6517.50
12	0401200	A0115	9589.00

	A	B	C
1	业务编号	摘要	金额
2	□□0401212□□	□□□A0103□□□	□□□□4,476.32□□
3	□□0401211□□	□□□A0104□□□	□□□□17,620.00□□
4	□□0401210□□	□□□A0105□□□	□□□□4,665.60□□
5	□□0401209□□	□□□A0106□□□	□□□□2,674.75□□
6	□□0401208□□	□□□A0107□□□	□□□□1600.00□□
7	□□0401206□□	□□□A0109□□□	□□□□8800.00□□
8	□□0401205□□	□□□A0110□□□	□□□□59411.00□□
9	□□0401203□□	□□□A0112□□□	□□□□10500.00□□
10	□□0401202□□	□□□A0113□□□	□□□□459.60□□
11	□□0401201□□	□□□A0114□□□	□□□□6517.50□□
12	□□0401200□□	□□□A0115□□□	□□□□9589.00□□

图 3-3　系统导出的原始数据　　　　　图 3-4　数据前后的特殊字符

下面是使用 Power Query 来处理这样特殊字符的主要步骤。

首先，建立基本查询，如图 3-5 所示。

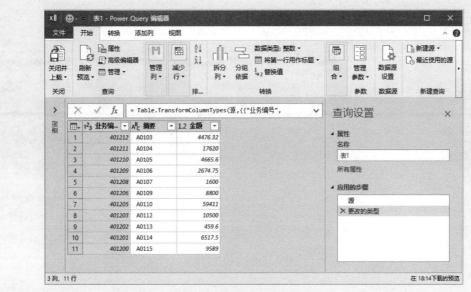

图 3-5　建立基本查询

Power Query 自动添加了一个操作步骤 "更改的类型"，把第一列处理为数字，这样就导致业务编号前面的数字 0 丢失，因此删除这个操作步骤，如图 3-6 所示。

图 3-6　删除操作步骤 "更改的类型"

选择这三列，执行"转换"→"格式"→"修整"命令，如图 3-7 所示。

这样就得到了图 3-8 所示的处理后的列数据。

图 3-7　"格式"→"修整"命令　　　　　　　　　　图 3-8　数据前后的特殊字符被清除

将第三列"金额"的数据类型设置为"小数"，如图 3-9 所示。

最后，关闭查询，上载数据到 Excel 表，如图 3-10 所示。

图 3-9　设置"金额"的数据类型为"小数"　　　　　图 3-10　整理干净的表单

3.3 转换数字格式

在大多数情况下，从系统导出的数据往往会把数字处理为文本型格式，这样就没法进行分类汇总了。因此，需要把文本型数字转换为能够计算的纯数字。

在另外一些情况下，也会得到本来应该是文本型数字结果却是纯数字的情况，此时则需要将纯数字转换为文本型数字。

不论是将文本型数字转换为纯数字，还是将纯数字转换为文本型数字，在 Excel 里都是很简单的，前者可以使用选择性粘贴、智能标记、分列工具等，后者可以使用分列工具。但在数据量大的情况下，使用这些工具都会比较麻烦。

这里，不介绍 Excel 表格里的普通处理方法，而只介绍如何使用 Power Query 进行处理。

3.3.1 把文本型数字转换为数值型数字

使用 Power Query 可以自动把文本型数字转换为纯数字。但要注意，有些本该是文本型数字的编码数字会被误转。

案例 3-2

图 3-11 是一个文本型数字的例子，A 列是文本型日期，G 列和 H 列的实发数量和金额是文本型数字。

首先，建立基本查询，如图 3-12 所示，可以看到，Power Query 就自动把文本型数字转换为了数值型数字，不过，也把不该转换的客户编码和产品代码一并处理了。

	A	B	C	D	E	F	G	H
1	日期	单据编号	客户编码	购货单位	产品代码	产品名称	实发数量	金额
2	2018-05-01	XOUT004664	37106103	客户A	005	产品5	5000	26766.74
3	2018-05-01	XOUT004665	37106103	客户B	005	产品5	1520	8137.09
4	2018-05-02	XOUT004666	00000006	客户C	001	产品1	44350	196356.73
5	2018-05-04	XOUT004667	53004102	客户D	007	产品7	3800	45044.92
6	2018-05-03	XOUT004668	00000006	客户E	001	产品1	14900	65968.78
7	2018-05-04	XOUT004669	53005101	客户E	005	产品5	3800	59269.64
8	2018-05-04	XOUT004670	55803101	客户F	007	产品7	2300	27264.03
9	2018-05-04	XOUT004671	55702102	客户G	007	产品7	7680	91038.16
10	2018-05-04	XOUT004672	37106103	客户E	005	产品5	3800	20342.73
11	2018-05-04	XOUT004678	91006101	客户A	007	产品7	400	4741.57
12	2018-05-04	XOUT004679	37106103	客户H	007	产品7	10000	53533.49
13	2018-05-04	XOUT004680	91311105	客户C	007	产品7	2000	18037.83
14	2018-05-04	XOUT004681	91709103	客户F	002	产品2	2000	11613.18
15	2018-05-04	XOUT004682	37403102	客户C	007	产品7	4060	36616.8
16	2018-05-04	XOUT004683	37311105	客户K	007	产品7	1140	10281.57

图 3-11 G 列和 H 列是文本型数字

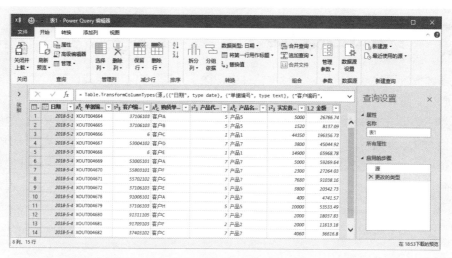

图 3-12　自动把所有的文本型日期和文本型数字转换为数值型日期和数值型数字

选择客户编码和产品代码，设置数据类型为"文本"，恢复原来的格式，如图 3-13 和图 3-14 所示。

图 3-13　"文本"
选项

图 3-14　恢复编码类数字的文本数据类型

3.3.2　把数值型数字转换为文本型数字

利用 Power Query 转换数字为文本是非常简单的，选择某列，设置数据类型为"文本"即可。

3.3.3 把数字转换为指定位数的文本型数字

如果要把数字转换为指定位数的文本型数字，在 Excel 表格里可以使用 TEXT 函数。

案例 3-3

例如，对于图 3-15 所示的数字，要将其转换为统一的 4 位文本，位数不够 4 位就在左侧补足 0。如果使用 Excel 函数，则需要做辅助列，公式为

```
=TEXT(A2,"0000")
```

在 Power Query 里，则需要使用 M 函数来进行转换。下面是使用 Power Query 进行转换的主要步骤。

首先，建立基本查询，如图 3-16 所示。

图 3-15 位数不一的数字，需要转换成统一的 4 位文本　　　　图 3-16　建立基本查询

将该列数字类型设置为"文本"，如图 3-17 所示。

执行"添加列"→"自定义列"命令，如图 3-18 所示。

打开"自定义列"对话框，输入"新列名"为"项目编码"，输入如下的自定义列公式，如图 3-19 所示。

```
=Text.Combine({Text.Repeat("0",4-Text.
Length([ 编码 ])),[ 编码 ]},"")
```

图 3-17　设置数据类型为"文本"

图 3-18 "自定义列"命令   图 3-19 添加自定义列

单击"确定"按钮，就得到了图 **3-20** 所示的新列。

删除第一列的原始数字列，将数据导出到 Excel，就得到了我们需要的结果，如图 3-21 所示。

图 3-20 得到统一位数的文本

图 3-21 统一位数的文本型数字

3.4 转换修改日期

从系统导出到 Excel 工作表的日期数据，在绝大多数情况下都是文本型日期，或者是错误的日期，此时需要将这样的日期转换为真正的日期。

在 Excel 工作表中，将非法日期修改为真正的日期，最简单的方法是使用分列工具。

使用 Power Query 来转换修改非法日期，则需要根据具体情况做不同的处理。

3.4.1 转换文本型日期

案例 3-4

转换文本型日期很简单，当创建查询后，会自动把日期进行转换，如图 **3-22** 和图 **3-23** 所示。

图 3-22 几种非法日期情况　　　　　　图 3-23 建立查询，自动转换日期

3.4.2 转换非法格式日期

有些特殊格式的日期是无法自动转换的，图 **3-24** 和图 **3-25** 分别是 8 位数字和 6 位数字的文本型日期，这样的日期转换需要多处理几步才能得到需要的结果。

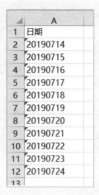

	A
1	日期
2	20190714
3	20190715
4	20190716
5	20190717
6	20190718
7	20190719
8	20190720
9	20190721
10	20190722
11	20190723
12	20190724
13	

	A
1	日期
2	190714
3	190715
4	190716
5	190717
6	190718
7	190719
8	190720
9	190721
10	190722
11	190723
12	190724
13	

图 3-24　8 位数字的文本型日期　　　　图 3-25　6 位数字的文本型日期

1. 8 位数的非法日期

图 3-24 所示的 8 位数字的日期数据转换步骤如下。

首先，建立基本查询，如图 3-26 所示。

将该列数据类型设置为"日期"，如图 3-27 所示，就得到了正确的日期，如图 3-28 所示。

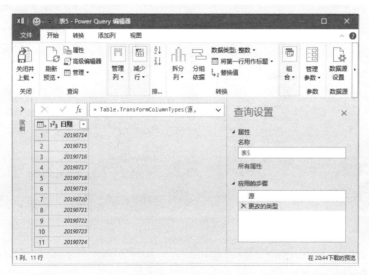

图 3-26　建立基本查询

图 3-27　选择"日期"类型

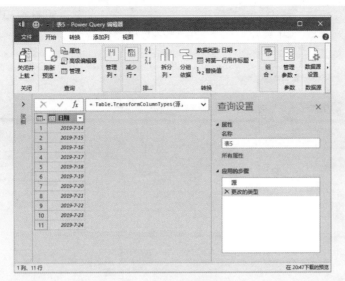

图 3-28　得到的正确日期

2．6 位数的非法日期

对于图 3-25 所示的 6 位数字的日期数据转换步骤如下。

首先，建立基本查询，如图 3-29 所示。

图 3-29　建立基本查询

选择该列数据，执行"转换"→"格式"→"添加前缀"命令，如图 3-30 所示。

打开"前缀"对话框，输入"值"为"20"，如图 3-31 所示。

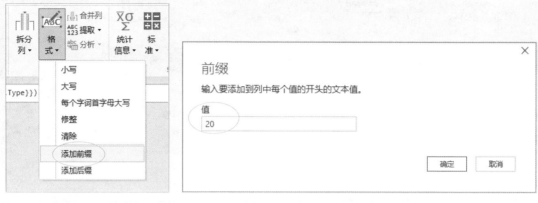

图 3-30 "格式"→"添加前缀"命令　　　图 3-31 "前缀"对话框，输入"值"为"20"

单击"确定"按钮，就得到了 8 位数字的日期，如图 3-32 所示。

图 3-32 转换为 8 位数字的日期

最后，将该列数据类型设置为"日期"，就得到了正确的日期数据，如图 3-33 所示。

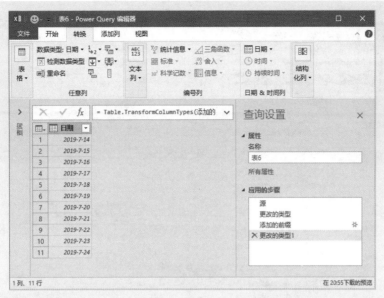

图 3-33　得到正确的日期数据

3.4.3　拆分日期和时间

在某些情况下，日期和时间数据会被保存在同一个单元格，例如从刷卡机导出的考勤数据，此时需要将日期和时间分成两列保存。

案例 3-5

图 3-34 就是日期时间保存在同一个单元格的示例，在 Excel 表格中，可以直接使用分列工具进行处理，而在 Power Query 中，则使用"拆分列"命令。

首先，建立基本查询，删除默认的"更改的数据类型"步骤，如图 3-35 所示。

选择"日期时间"列，执行"转换"→"拆分列"→"按分隔符"命令，如图 3-36 所示。打开"按分隔符拆分列"对话框，选择"空格"分隔符，如图 3-37 所示。

	A	B	C
1	考勤号码	日期时间	
2	38	2016-03-01 8:14:36	
3	38	2016-03-01 12:44:33	
4	38	2016-03-01 12:44:36	
5	38	2016-03-01 18:21:06	
6	38	2016-03-01 18:21:08	
7	38	2016-03-02 8:11:28	
8	38	2016-03-02 12:37:35	
9	38	2016-03-02 12:37:37	
10	38	2016-03-02 17:56:06	
11	38	2016-03-02 17:56:08	
12	38	2016-03-03 8:19:38	
13	38	2016-03-03 8:19:40	
14	38	2016-03-03 12:40:56	
15	38	2016-03-03 12:40:58	
16	38	2016-03-03 12:41:36	

Sheet1

图 3-34　日期时间保存在同一个单元格

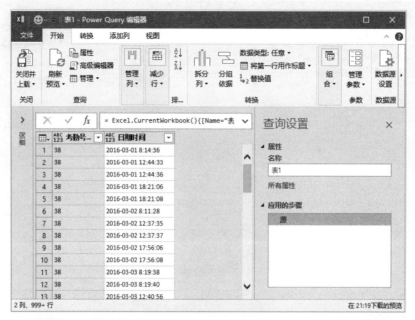

图 3-35　建立基本查询

图 3-36　"拆分列"→"按分
隔符"命令

图 3-37　选择分隔符为"空格"

单击"确定"按钮，就得到了日期和时间两列数据，如图 3-38 所示。

图 3-38　日期和时间分成了两列

最后，把两列标题分别修改为"日期"和"时间"即可。

3.5 从文本数据中提取关键数据

提取关键数据，是指从现有的数据列中把某些重要的关键数据提取出来，将该列数据转换为新数据，或者生成一个新列数据。例如，从身份证号码中提取出生日期和性别，从材料编码中提取出材料类别，从合同编码中提取关键信息等。

提取关键数据可以使用现有的工具（"拆分列"和"提取"），也可以使用 M 函数设计公式。

3.5.1　使用现有工具提取关键数据

执行"转换"→"拆分列"命令，如图 3-39 所示，就从指定列中提取数据，把原始数据列变为关键数据列。

执行"添加列"→"提取"命令，如图 3-40 所示，就从原始数据列中提取关键数据，生成一个关键数据列，原数据列继续保留。

案例 3-6

图 3-41 是一个简单的示例，要求从工程编号中提取类别，类别是两个句点之间的字母。

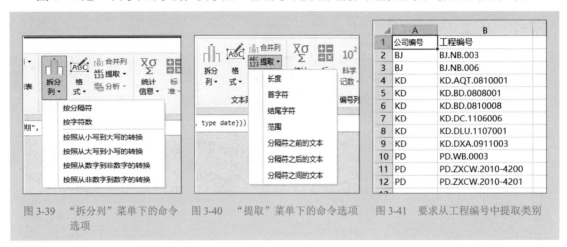

图 3-39　"拆分列"菜单下的命令　图 3-40　"提取"菜单下的命令选项　图 3-41　要求从工程编号中提取类别
选项

首先，建立基本查询，如图 3-42 所示。

图 3-42　建立基本查询

选择"工程编号"列，执行"添加列"→"提取"→"分隔符之间的文本"命令，如图 3-43 所示。
打开"分隔符之间的文本"对话框，输入开始分隔符"."和结束分隔符"."，如图 3-44 所示。

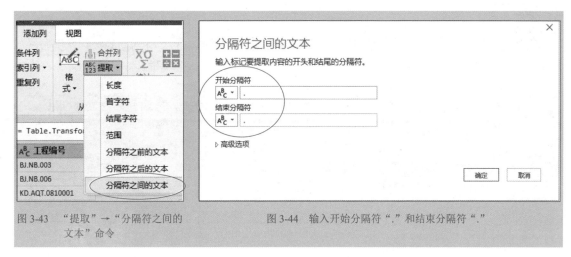

图 3-43　"提取"→"分隔符之间的
文本"命令

图 3-44　输入开始分隔符"."和结束分隔符"."

单击"确定"按钮，就得到了一个新列，也就是要求提取的类别，如图 3-45 所示。

最后，修改列标题名称，将数据导出到 Excel 工作表，如图 3-46 所示。

图 3-45　提取出的类别新列

图 3-46　得到的类别数据

3.5.2　使用 M 函数提取关键数据

在很多情况下，我们需要添加自定义列，使用 M 函数创建公式来提取关键数据。

案例 3-7

图 3-47 是一个示例,要从"规格描述"列中提取字母 U、K、O 和 M 前面的数字。例如,第 2 行要提取 0.022,第 3 行要提取 0.0047,第 4 行要提取 4.99,以此类推。

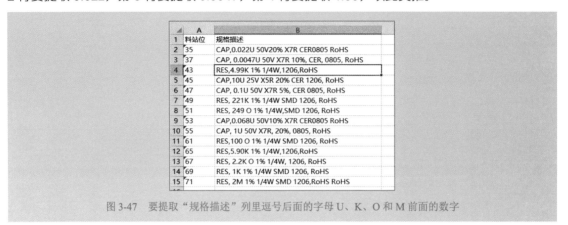

图 3-47 要提取"规格描述"列里逗号后面的字母 U、K、O 和 M 前面的数字

仔细观察数据特征,要提取的数字前面是逗号","，后面是字母 U、K、O 或 M,那么可以使用 M 函数来设计公式提取。

首先,建立基本查询,如图 3-48 所示。

图 3-48 建立基本查询

执行"添加列"→"自定义列"命令,打开"自定义列"对话框,输入"新列名"为"数字",

输入下面的自定义列公式，如图 3-49 所示。

= Text.Middle([规格描述],Text.PositionOf([规格描述],",")+1,Text.PositionOfAny([规格描述], {"U","K","O","M"}) − Text.PositionOf([规格描述],",") − 1)

图 3-49　添加自定义列

这样就提取出了指定的数字，如图 3-50 所示。

图 3-50　提取出的数字

但是，这样取出的数字前后都存在空格，因此选择数字，再执行"转换"→"格式"→"修整"命令，将空格清除，得到正确的数字，如图 3-51 所示。

图 3-51　清除数字前后的空格

最后，将数据导出到 Excel 工作表，如图 3-52 所示。

	A	B	C
1	料站位	规格描述	数字
2	35	CAP,0.022U 50V20% X7R CER0805 RoHS	0.022
3	37	CAP, 0.0047U 50V X7R 10%, CER, 0805, RoHS	0.0047
4	43	RES,4.99K 1% 1/4W,1206,RoHS	4.99
5	45	CAP,10U 25V X5R 20% CER 1206, RoHS	10
6	47	CAP, 0.1U 50V X7R 5%, CER 0805, RoHS	0.1
7	49	RES, 221K 1% 1/4W SMD 1206, RoHS	221
8	51	RES, 249 O 1% 1/4W,SMD 1206, RoHS	249
9	53	CAP,0.068U 50V10% X7R CER0805 RoHS	0.068
10	55	CAP, 1U 50V X7R, 20%, 0805, RoHS	1
11	61	RES,100 O 1% 1/4W SMD 1206, RoHS	100
12	65	RES,5.90K 1% 1/4W,1206,RoHS	5.90
13	67	RES, 2.2K O 1% 1/4W, 1206, RoHS	2.2
14	69	RES, 1K 1% 1/4W SMD 1206, RoHS	1
15	71	RES, 2M 1% 1/4W SMD 1206,RoHS RoHS	2
16			

图 3-52　提取出指定位置的数字

案例 3-8

图 3-53 是一个原始数据示例，要求提取最后一个横线后面的所有字母，例如，第 2 行结果是 S，第 3 行结果是 XL，第 4 行结果是 H，第 5 行结果是 H。

建立基本查询，如图 3-54 所示。

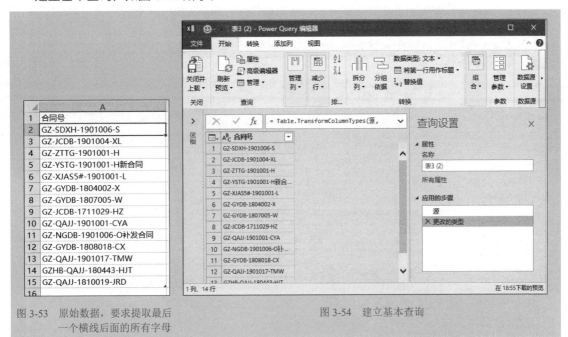

图 3-53　原始数据，要求提取最后
　　　　一个横线后面的所有字母

图 3-54　建立基本查询

执行"添加列"→"自定义列"命令，打开"自定义列"对话框，输入"新列名"为"结果"，
输入下面的自定义列公式，如图 3-55 所示。

= Text.Select(Text.AfterDelimiter([合同号], "-", 2),{"A".."Z","a".."z"})

自定义列

新列名

结果

自定义列公式:

```
= Text.Select(Text.AfterDelimiter([合同号], "-", 2),
{"A".."Z","a".."z"})
```

了解 Power Query 公式

可用列:

合同号

<< 插入

✔ 未检测到语法错误。

确定　　取消

图 3-55　自定义列"结果"

这样就提取出了需要的数据,如图 3-56 所示。

最后,将结果表导出到 Excel 工作表,如图 3-57 所示。

图 3-56　提取出的需要的字母　　　　　　　　图 3-57　要求的工作表

3.6 从日期数据中提取重要信息

日期中包含了很多对数据分析非常有用的信息,如年份、季度、月份、周等,不论是在 Excel 工作表中,还是在 Power Query 中,对日期数据的这些重要信息提取是很容易的,甚至都不需要使用 M 函数。

在 Excel 工作表中,提取日期信息的函数有:YAER、MONTH、DAY、WEEKDAY、WEEKNUM 和 TEXT 等。

在 Power Query 中,提取日期重要信息的工具是执行"转换"→"日期"下的有关命令选项,如图 3-58 所示,或者执行"添加列"→"日期"下的有关命令选项,如图 3-59 所示,前者是把原始列转换成了新数据列,后者是添加一个新列,保存提取的信息数据。

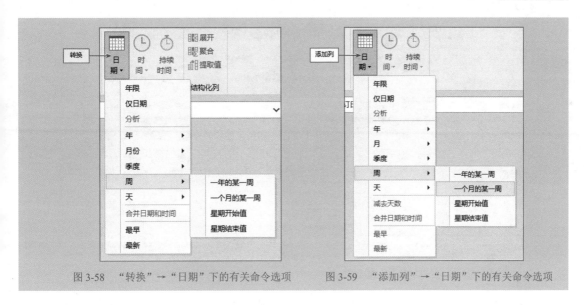

图 3-58　"转换"→"日期"下的有关命令选项　　图 3-59　"添加列"→"日期"下的有关命令选项

3.6.1　从日期数据中提取年

案例 3-9

在 Excel 中，提取日期的年份数据可以使用 YEAR 函数或者 TEXT 函数。例如，假若单元格 A2 保存的是日期 "2019-9-25"，则提取年份的两个公式及结果分别如下。

= YEAR(A2)

或

= TEXT(A2, "yyyy 年 ")

结果是 "2019 年"。

在 Power Query 中，提取日期中的年份数据是执行 "日期"→"年"→"年" 命令，如图 3-60 所示，就得到了一个新列 "年"，保存年份数字，如图 3-61 所示。

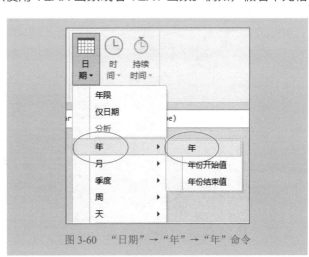

图 3-60　"日期"→"年"→"年"命令

图 3-61　添加新列"年"

3.6.2　从日期数据中提取季度

在 Excel 工作表中，没有单独的计算季度函数，但在 Power Query 中，则可以快速获取季度数据，执行"添加列"→"日期"→"季度"→"一年的某一季度"命令，如图 3-62 所示，就得到了新列"季度"，保存季度数字，如图 3-63 所示。

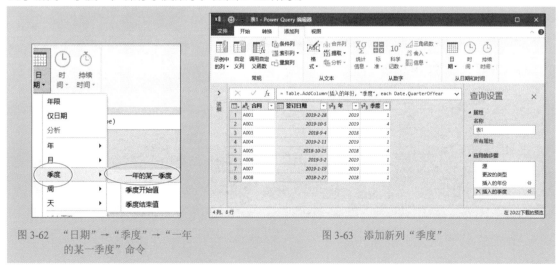

图 3-62　"日期"→"季度"→"一年的某一季度"命令

图 3-63　添加新列"季度"

3.6.3　从日期数据中提取月

在 Excel 中，提取日期的月份数据，可以使用 MONTH 函数或者 TEXT 函数。例如，假若单元格 A2 保存的是日期"2019-9-25"，则提取月份的两个公式及结果分别如下。

```
= MONTH(A2)
```

或

```
= TEXT(A2,"m 月 ")
```

结果是"9 月"。

在 Power Query 中，提取日期中的月份数据是执行"日期"→"月"→"月"命令，如图 3-64 所示，就得到了一个新列"月份"，保存月份数字，如图 3-65 所示。

 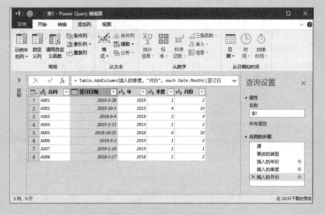

图 3-64 "日期"→"月"→"月"命令　　　　　图 3-65 添加新列"月份"

如果执行"日期"→"月"→"月份名称"命令，如图 3-66 所示，那么就得到了一个新列"月份名称"，保存月份名称，如图 3-67 所示。

图 3-66 "日期"→"月"→"月份名称"命令　　　　　图 3-67 添加新列"月份名称"

3.6.4　从日期数据中提取周

在 Excel 中，提取日期的周数据可以使用 WEEKNUM 函数。例如，假若单元格 A2 保存的是日期"2019-9-25"，则提取周的公式及结果如下。

```
=WEEKNUM(A2)
```

结果是"39"。

在 Power Query 中，提取日期中的周数据是执行"日期"→"周"→"一年的某一周"命令，如图 3-68 所示，就得到一个新列"一年的某一周"，保存周数字，如图 3-69 所示。

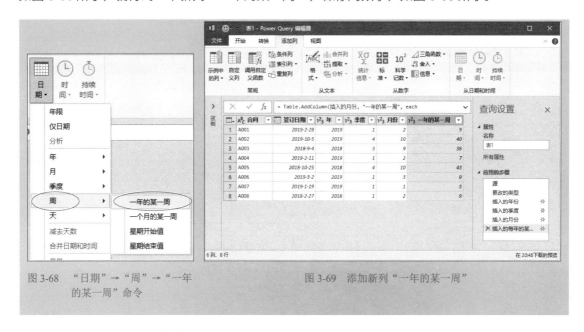

图 3-68　"日期"→"周"→"一年的某一周"命令

图 3-69　添加新列"一年的某一周"

3.6.5　从日期数据中提取星期

在 Excel 中，提取日期的星期数据可以使用 WEEKDAY 函数或者 TEXT 函数。例如，假若单元格 A2 保存的是日期"2019-9-25"，则提取星期的两个公式及结果分别如下。

```
= WEEKDAY(A2)
```

结果是"4"。

```
= TEXT(A2, "aaaa")
```

结果是"星期三"。

在 Power Query 中，提取日期中的星期数据是执行"日期"→"天"→"星期几"命令，如图 3-70 所示，就得到一个新列"星期几"，保存星期名称，如图 3-71 所示。

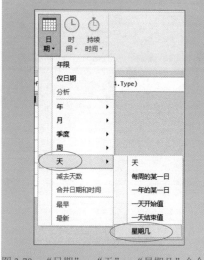

图 3-70　"日期"→"天"→"星期几"命令

图 3-71　添加新列"星期几"

3.7　转换字母大小写

当处理英文数据时，英文单词的大小写规范处理是必要的。例如，把每个单词的首字母大写，把单词全部大写，把单词全部小写等。

在 Excel 工作表中，大小写转换可使用 LOWER 函数、UPPER 函数和 PROPER 函数。

在 Power Query 中，则可以执行"转换"→"格式"命令下的有关选项，或者执行"添加列"→"格式"菜单下的有关命令选项，如图 3-72 所示，前者将原始列进行处理，后者新添加一列，保存处理后的结果。

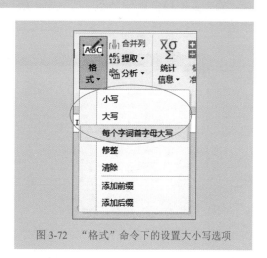

图 3-72　"格式"命令下的设置大小写选项

3.7.1　每个单词首字母大写

案例 3-10

如果要把每个单词首字母大写，Excel 工作表中可以使用 PROPER 函数，在 Power Query

中则可以执行"格式"→"每个字词首字母大写"命令。图 3-73 就是一个处理结果对比表。

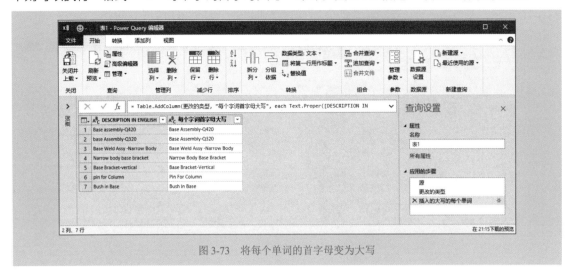

图 3-73　将每个单词的首字母变为大写

3.7.2　每个单词全部字母大写

案例 3-11

如果要把每个单词全部字母大写，Excel 工作表中可以使用 UPPER 函数，在 Power Query 中则可以执行"格式"→"大写"命令。图 3-74 就是一个处理结果对比表。

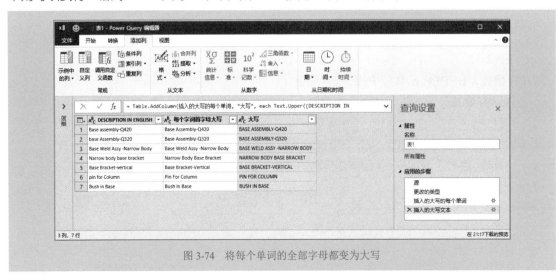

图 3-74　将每个单词的全部字母都变为大写

3.7.3　每个单词全部字母小写

案例 3-12

如果要把每个单词全部字母小写，Excel 工作表中可以使用 LOWER 函数，在 Power Query 中则可以执行"格式"→"小写"命令。图 3-75 就是一个处理结果对比表。

图 3-75　将每个单词的全部字母都变为小写

3.8 │ 添加前缀和后缀

　　添加前缀和后缀，就是在数据的前面或后面添加指定的字符。这样的数据整理也是很常见的。在 Excel 工作表中，就需要使用连接运算（&）了，而在 Power Query 中，这种处理就变得非常简单了。

　　在 Power Query 中，添加前缀和后缀可执行"格式"菜单下的"添加前缀"命令和"添加后缀"命令，如图 3-76 所示。

　　"格式"命令有两处："转换"选项卡和"添加列"选项卡。前者将在原始列位置对数据进行处理，后者是添加一个新列，保存被处理后的数据。

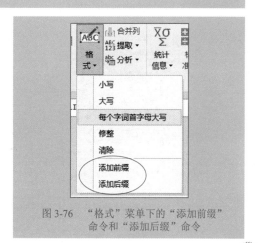

图 3-76　"格式"菜单下的"添加前缀"命令和"添加后缀"命令

3.8.1 仅添加前缀

案例 3-13

图 3-77 是合同号示例数据，现在要求在合同号前面添加前缀"**2019-**"，变为图 3-78 所示的情形。

首先，建立基本查询，然后执行"转换"→"格式"→"添加前缀"命令，打开"前缀"对话框，输入前缀的"值"为"**2019-**"，如图 3-79 所示。

图 3-77　原始合同号　图 3-78　添加前缀后的合同号　　图 3-79　"前缀"对话框，输入前缀值为"2019-"

这样就得到了我们需要的结果，如图 3-80 所示。

图 3-80　添加了前缀后的合同号

3.8.2　仅添加后缀

以图 3-77 所示的合同号示例数据为例，现在要求在合同号后面添加后缀"-APP"，变为图 3-81 所示的情形。

首先，建立基本查询，然后执行"转换"→"格式"→"添加后缀"命令，打开"后缀"对话框，输入后缀的"值"为"-APP"，如图 3-82 所示。

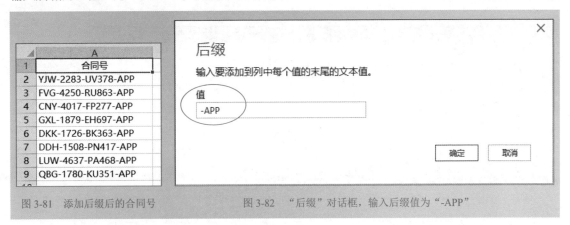

图 3-81　添加后缀后的合同号　　　　图 3-82　"后缀"对话框，输入后缀值为"-APP"

这样就得到了我们需要的结果，如图 3-83 所示。

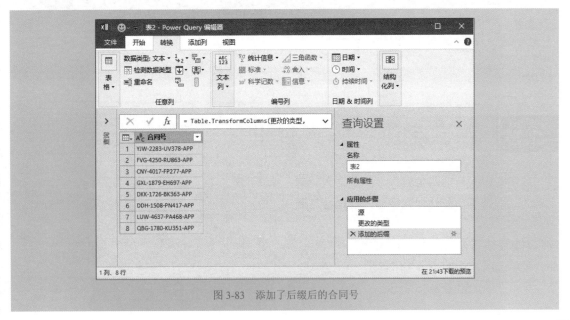

图 3-83　添加了后缀后的合同号

3.8.3　同时添加前缀和后缀

如果要同时为数据添加前缀和后缀，可以分别执行"添加前缀"和"添加后缀"命令，然后分别添加指定的前缀和后缀，即可得到我们需要的结果。

以图 3-77 所示的示例数据为例，添加前缀"2019-"和后缀"-APP"后的数据如图 3-84 所示。

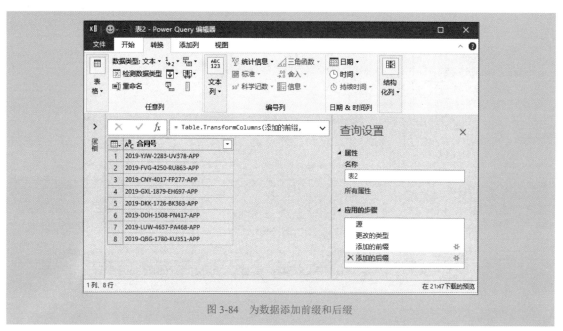

图 3-84　为数据添加前缀和后缀

3.9 对数字进行舍入处理

数字的舍入包括四舍五入、向下舍入、向上舍入、取整等，在处理数字时，这是经常要做的工作之一。

对数字进行舍入，可执行"转换"→"舍入"命令菜单选项，或者执行"添加列"→"舍入"命令菜单选项，如图 3-85 所示。

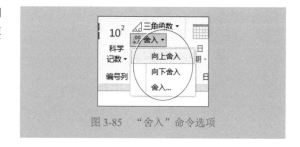

图 3-85　"舍入"命令选项

3.9.1 对数字进行四舍五入

如果数字有很多位数，或者是公式计算出的很多位数的小数，可以使用"舍入"命令进行四舍五入，也就是选择要四舍五入的列，执行"舍入"命令，打开"舍入"对话框，输入小数位数，如图 3-86 所示。

图 3-86 "舍入"对话框，输入小数位数

图 3-87 和图 3-88 就是四舍五入前后的对比表。这里把单价和销售额两列均保留两位小数。

图 3-87 原始数据

图 3-88　保留两位小数

3.9.2　对数字向上舍入

向上舍入，就是对数字向上取整到下一个整数值，图 3-89 就是对销售额进行向上舍入的新列，请比较原始数字与向上舍入后的结果。

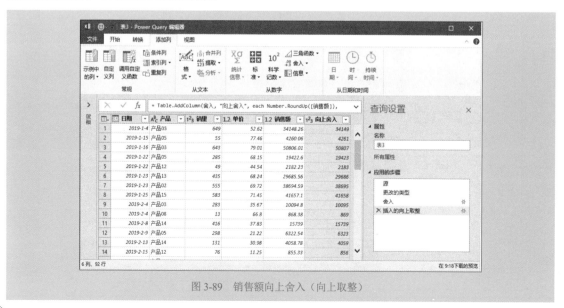

图 3-89　销售额向上舍入（向上取整）

3.9.3　对数字向下舍入

向下舍入，就是对数字向上取整到前一个整数值，图 3-90 就是对销售额进行向下舍入的新列，请比较原始数字与向下舍入后的结果。

图 3-90　销售额向下舍入（向前取整）

3.10 | 对数字进行批量计算

在数据分析中，对于大金额数字，我们希望将其都除以 1 万，以万元为单位来表示等，这就是对数字进行批量计算的问题。

数字的批量计算，可以执行"转换"→"标准"命令，或者执行"添加列"→"标准"命令，如图 3-91 所示。

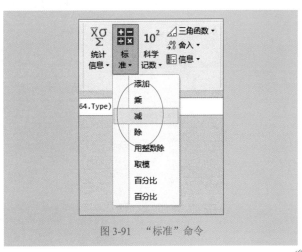

图 3-91　"标准"命令

3.10.1　对数字批量加上一个相同的数

执行"标准"→"添加"命令，打开"加"对话框，输入要加的值，如图 3-92 所示，就对指定的列数字统一加上了指定的值。

图 3-92　"加"对话框，输入要加的值

图 3-93 是原始的每个人工资，图 3-94 是基本工资都加上 500 后的结果。

图 3-93　每个人的基本工资

图 3-94　基本工资统一加上了 500

3.10.2　对数字批量减去一个相同的数

执行"标准"→"减"命令，打开"减"对话框，输入要减的值，如图 3-95 所示，就对指定的列数字统一减去了指定的值。

图 3-95　"减"对话框，输入要减的值

图 3-96 是基本工资都减去 500 后的结果。

图 3-96　基本工资统一减去了 500

3.10.3　对数字批量乘上一个相同的倍数

执行"标准"→"乘"命令,打开"乘"对话框,输入要乘的值,如图 3-97 所示,就对指定的列数字统一乘以了一个指定的倍数值。

图 3-97　"乘"对话框,输入要乘的值

图 3-98 是基本工资都上涨 20%(也就是乘以 1.2)后的结果。

图 3-98　基本工资统一上涨 20%

3.10.4　对数字批量除以一个相同的倍数

执行"标准"→"除"命令，打开"除"对话框，输入要除的值，如图 3-99 所示，就对指定的列数字统一除以了一个指定的倍数值。

图 3-99　"除"对话框，输入要除的值

图 3-100 是将销售额除以 1000，以千元为单位，并进行了四舍五入（保留两位小数）后的结果。

图 3-100　以千元为单位表示的销售额

财务数据分析建模

Excel

　　财务数据分析大多数是基于财务软件导出的数据，而导出的数据又可能存在种种问题，往往需要花大把的时间和精力去整理加工。本章将介绍几个利用 Power Query 来建立财务分析模板的例子，建模的思路是直接以财务软件导出的数据为基础，构建自动化财务分析模型。

4.1 管理费用跟踪分析模板

从财务软件导出的管理费用数据大部分是所用软件的格式数据,不一定是标准规范表单,因此,对于这样的数据,首先要规范加工,再建立数据分析模型。

4.1.1 示例数据

图 4-1 是从财务软件中导出的各月管理费用数据,现在要求建立一个能够分析指定部门、指定项目、指定月份费用的模板。

	A	B	C				A	B	C
1	科目代码	科目名称	本期发生额		1	科目代码	科目名称	本期发生额
2	6602	管理费用	143,904.75		2	6602	管理费用	151,855.07
3	6602.4110	工资	72,424.62		3	6602.4110	工资	76,653.29
4		[01]总经办	8,323.24		4		[01]总经办	9,062.10
5		[02]人事行政部	12,327.29		5		[02]人事行政部	12,842.06
6		[03]财务部	11,362.25		6		[03]财务部	13,478.95
7		[04]采购部	9,960.67		7		[04]采购部	9,828.39
8		[05]生产部	12,660.18		8		[05]生产部	10,519.06
9		[06]信息部	10,864.87		9		[06]信息部	12,485.52
10		[07]贸易部	6,926.12		10		[07]贸易部	8,437.21
11	6602.4140	个人所得税	3,867.57		11	6602.4140	个人所得税	3,985.42
12		[01]总经办	1,753.91		12		[01]总经办	1,948.27
13		[02]人事行政部	647.60		13		[02]人事行政部	633.58
14		[03]财务部	563.78		14		[03]财务部	533.29
15		[04]采购部	167.64		15		[04]采购部	165.55
16		[05]生产部	249.33		16		[05]生产部	270.71
17		[06]信息部	193.70		17		[06]信息部	195.06
18		[07]贸易部	291.61		18		[07]贸易部	238.96
19	6602.4150	养老金	3,861.90		19	6602.4150	养老金	3,614.50
20		[01]总经办	643.25		20		[01]总经办	704.80

图 4-1 从财务软件中导出的各月管理费用数据

4.1.2 整理加工,建立数据模型

首先,在当前工作簿中插入两个工作表,分别命名为"汇总表"和"分析报告"。

执行"数据"→"获取数据"→"来自文件"→"从工作簿"命令,如图 4-2 所示。

打开"导入数据"对话框,选择工作簿文件,如图 4-3 所示。

单击"导入"按钮,打开"导航器"对话框,选择顶部的工作簿名称,如图 4-4 所示。

图 4-2 "从工作簿"命令

图 4-3 选择工作簿文件

图 4-4 "导航器"对话框,选择顶部的工作簿名称

单击"转换数据"按钮,打开"Power Query 编辑器"窗口,如图 4-5 所示。

图 4-5 "Power Query 编辑器"窗口

从第一列"Name"中取消勾选"分析报告"和"汇总表"这两个复选框，如图 4-6 所示。

图 4-6 取消勾选"分析报告"和"汇总表"复选框

单击"确定"按钮，得到只存在各个月表的数据，如图 4-7 所示。

图 4-7　留下需要汇总分析的各个月表

保留前两列，删除其他各列，如图 4-8 所示。

图 4-8　删除不需要的列

单击"Data"标题右侧的展开按钮，打开筛选窗格，取消勾选"使用原始列名作为前缀"复选框，保留其他的默认选项，如图 4-9 所示。

图 4-9　取消勾选"使用原始列名作为前缀"复选框

单击"确定"按钮，就得到了图 4-10 所示的各月数据的汇总表。

图 4-10　各月数据的汇总表

删除第二列"科目代码"（此列对数据汇总分析没用），如图 4-11 所示。

图 4-11 删除"科目代码"列数据

选择第二列"Column2"（实际上就是原始数据的"科目名称"列），执行"添加列"→"提取"→"分隔符之前的文本"命令，如图 4-12 所示。

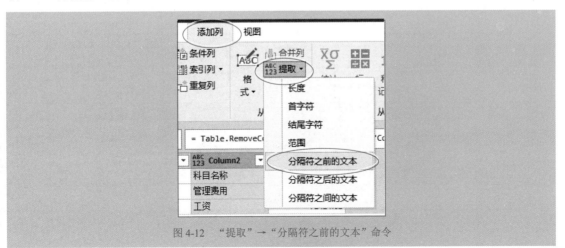

图 4-12 "提取"→"分隔符之前的文本"命令

打开"分隔符之前的文本"对话框,输入"分隔符"为"[",准备提取费用项目名称,如图4-13所示。

图 4-13 输入分隔符为"[",准备提取费用项目名称

单击"确定"按钮,得到一个新列,保存提取出的费用项目名称,如图 4-14 所示。

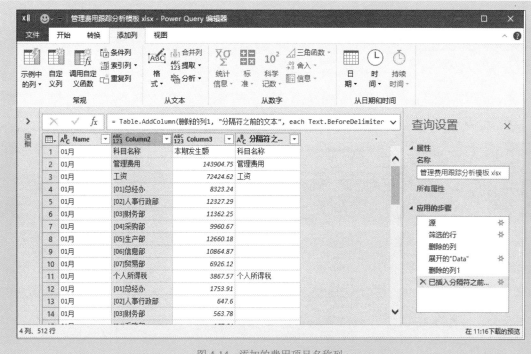

图 4-14 添加的费用项目名称列

选择这个新添加的费用项目名称，执行"转换"→"替换值"命令，如图 4-15 所示。

打开"替换值"对话框，在"要查找的值"输入框中不输入任何内容，在"替换为"输入框中输入"null"，如图 4-16 所示。

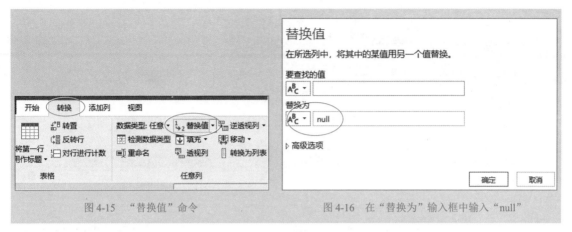

图 4-15　"替换值"命令　　　　　　　　　　图 4-16　在"替换为"输入框中输入"null"

单击"确定"按钮，就将该列的所有空单元格填充了"null"，如图 4-17 所示。

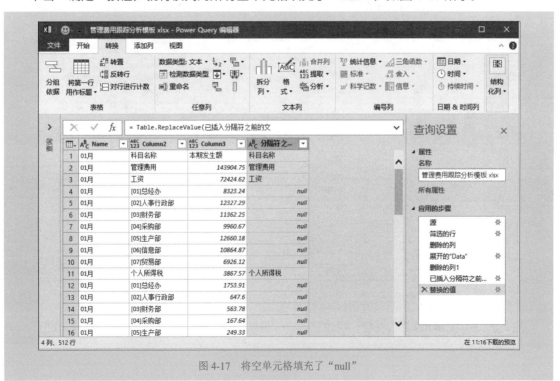

图 4-17　将空单元格填充了"null"

选择这列，执行"转换"→"填充"→"向下"命令，如图 4-18 所示。

图 4-18 "填充"→"向下"命令

这样就将该列的所有"null"单元格填充了具体的费用项目名称，如图 4-19 所示。

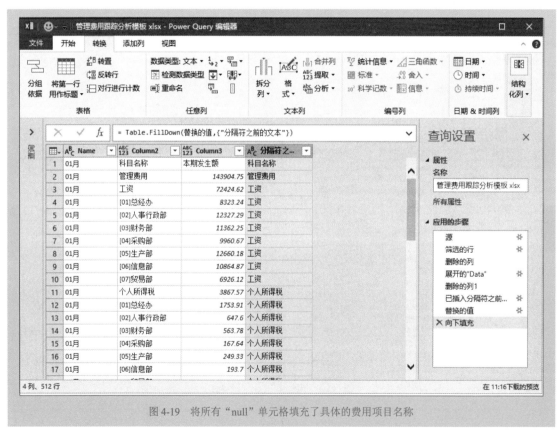

图 4-19 将所有"null"单元格填充了具体的费用项目名称

选择第二列"Column2"，执行"添加列"→"提取"→"分隔符之后的文本"命令，如图 4-20 所示。

打开"分隔符之后的文本"对话框，输入分隔符"]"，准备提取部门名称，如图 4-21 所示。

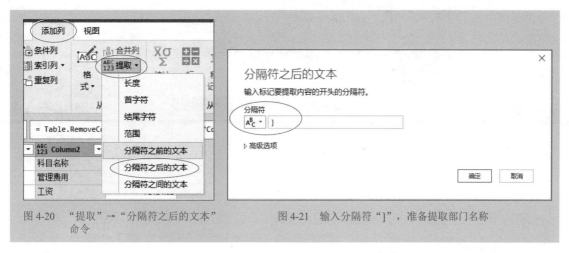

图 4-20 "提取"→"分隔符之后的文本"
命令

图 4-21 输入分隔符"]",准备提取部门名称

单击"确定"按钮，得到一个新列，保存提取出的部门名称，如图 4-22 所示。

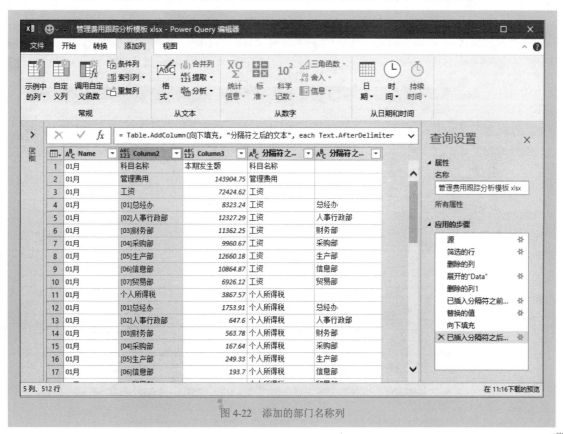

图 4-22 添加的部门名称列

从最后一列中筛选掉"空白",如图 4-23 所示。

图 4-23　准备筛选掉最后一列的空白行

这样就得到了一个完整的数据表,如图 4-24 所示。

将第二列"Column2"删除,并将其他各列默认的标题分别重命名为"月份""金额""项目"和"部门",如图 4-25 所示。

图 4-24　月管理费用汇总表

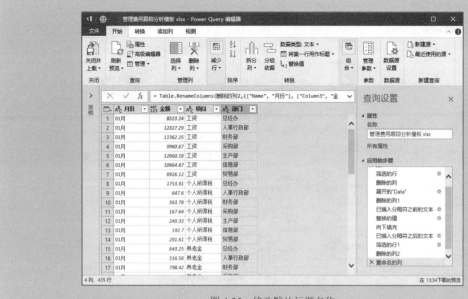

图 4-25　修改默认标题名称

调整各列位置（其实也可以不用考虑这个次序），将金额的数据类型设置为"小数"，如图 4-26 所示。

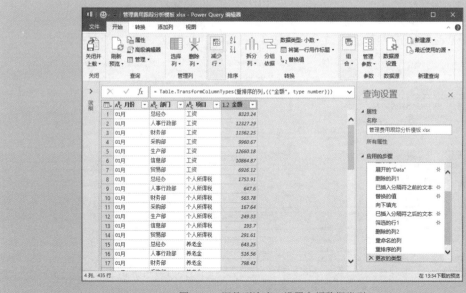

图 4-26　调整列次序，设置金额数据类型

最后，执行"开始"→"关闭并上载至"命令，如图 4-27 所示。

打开"导入数据"对话框，选中"数据透视表"单选按钮和"现有工作表"单选按钮，指定工作表位置，如图 4-28 所示。

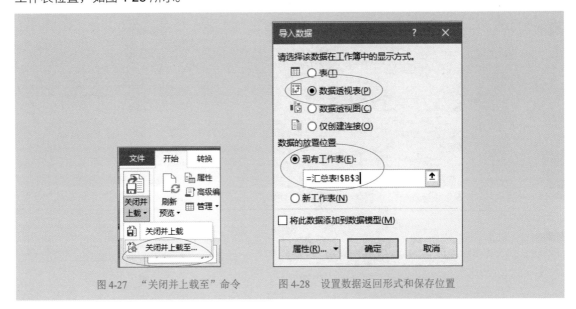

图 4-27 "关闭并上载至"命令　　图 4-28 设置数据返回形式和保存位置

单击"确定"按钮，就在工作表"汇总表"中创建了一个透视表，如图 4-29 所示。

图 4-29 创建基于月工作表查询链接的数据透视表

对数据透视表进行布局并美化，得到图 4-30 所示的汇总报表。

金额		月份						
部门	项目	01月	02月	03月	04月	05月	06月	07月	总计
⊟财务部		21575.58	24724.18	27045.84	21082.83	25032.48	17004.96	23002.29	159468.16
	办公费用	544.29	421.92	1963.05	649.44	647.23	792.94	1228.09	6246.96
	差旅费	3878	5755	5914	2728	5407	902	2858	27442
	电话费	1000	429	666	274	532	389	549	3839
	个人所得税	563.78	802.86	905.96	519.7	533.29	536.13	885.94	4747.66
	工资	11362.25	13248.43	13388.94	12682.61	13478.95	11002.42	13819.04	88982.64
	其他福利费	1646	1885	1712	2004	1941	1231	1844	12263
	失业金	1099.42	683.63	920.24	583.45	1099.39	567.73	887.02	5840.88
	养老金	798.42	713.49	652.58	670.44	673.06	712.89	321.91	4542.79
	医疗保险	683.42	784.85	923.07	971.19	720.56	870.85	609.29	5563.23
⊟采购部		19728.13	20503.34	21568.1	14449.36	16954.82	13342.11	24690.94	131236.8
	办公费用	1544.25	960.87	1994.76	240.46	350.55	331.05	6192.94	11614.88
	差旅费	4928	5422	4211	1807	3342	733	5372	25815
	电话费	390	794	878	469		1026	381	3938
	个人所得税	167.64	255.09	233.55	124.45	165.55	192.68	267.59	1406.55
	工资	9960.67	9828.71	11462.46	8113.78	9828.39	8084.86	9255.21	66534.08

分析报告 | 汇总表 | 01月 | 02月 | 03月 | 04月 | 05月 | 06月 | 07月 | ⊕

图 4-30 各月各个部门各个项目的汇总表

4.1.3 建立分析模板

将数据透视表复制一份到"分析报告"工作表中，并重新布局，格式化透视表，然后插入一个数据透视图并将其美化，得到图 4-31 所示的报告。

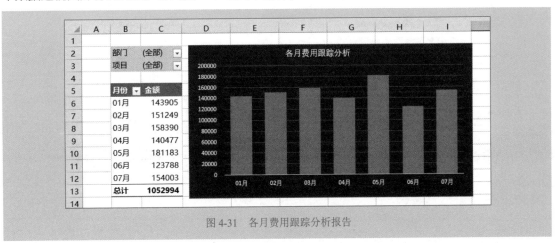

图 4-31 各月费用跟踪分析报告

由于在单元格里筛选部门和项目非常不方便，因此可以使用切片器来筛选报表。

单击透视表内的任一单元格，然后执行"插入"→"切片器"命令，如图 4-32 所示，或者执行"分析"→"插入切片器"命令，如图 4-33 所示。

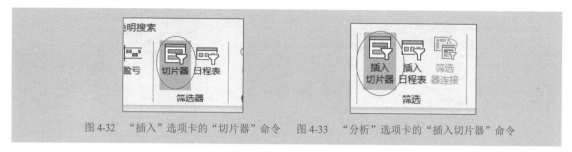

图 4-32　"插入"选项卡的"切片器"命令　　图 4-33　"分析"选项卡的"插入切片器"命令

打开"插入切片器"对话框，勾选"部门"复选框和"项目"复选框，如图 4-34 所示。单击"确定"按钮，就得到了两个切片器，如图 4-35 所示。

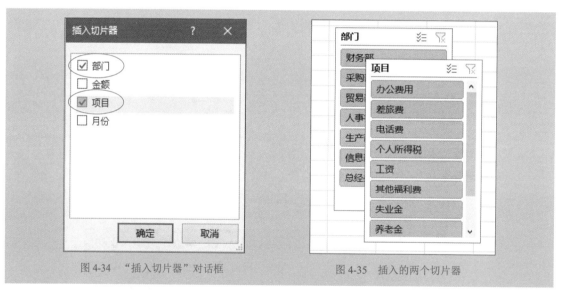

图 4-34　"插入切片器"对话框　　　　　　图 4-35　插入的两个切片器

调整透视表和透视图位置，然后将调整切片器位置，并将切片器的列设置为合适的列数，就得到图 4-36 所示的分析报告。

单击切片器的某个部门和项目，就可得到该部门该项目的各个月费用数据报表和图表，如图 4-37 所示。

图 4-36　使用切片器控制报表和图表

图 4-37　查看指定部门、指定项目各个月费用的变化情况

　　将透视表复制一份到工作表合适的位置，重新布局，插入透视图，用于分析指定月份、指定项目的各个部门费用的对比，并插入两个切片器，分别选择月份和项目，如图 4-38 所示。

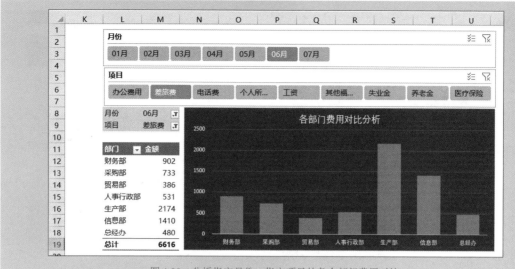

图 4-38　分析指定月份、指定项目的各个部门费用对比

但是，由于透视表是复制的，这 4 个切片器都同时控制这两个透视表，因此需要把切片器的报表连接进行重新设置。

例如，对第一个报告的两个切片器，其报表连接设置为图 4-39 所示的情形；对第二个报告的两个切片器，其报表连接设置为图 4-40 所示的情形。

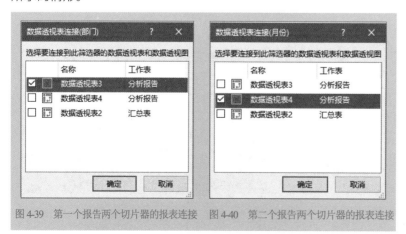

图 4-39　第一个报告两个切片器的报表连接　　图 4-40　第二个报告两个切片器的报表连接

设置切片器的报表连接，可右击切片器，执行"报表连接"命令，如图 4-41 所示，就打开了"数据透视表连接"对话框，然后勾选要连接的数据透视表即可。

图 4-41　"报表连接"命令

4.1.4　报表一键刷新

当工作簿中新增加了月份数据后，如图 4-42 所示，现在增加了 8 月份和 9 月份数据，那么只要对准任意一个透视表或者切片器，执行"刷新"命令，如图 4-43 所示，就可将所有报表刷新，新的数据自动添加到报表上，分别如图 4-44 ~ 图 4-46 所示。

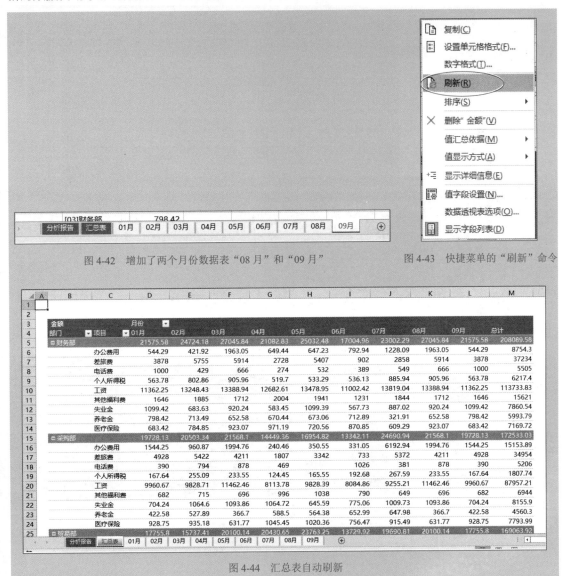

图 4-42　增加了两个月份数据表"08 月"和"09 月"　　　　图 4-43　快捷菜单的"刷新"命令

图 4-44　汇总表自动刷新

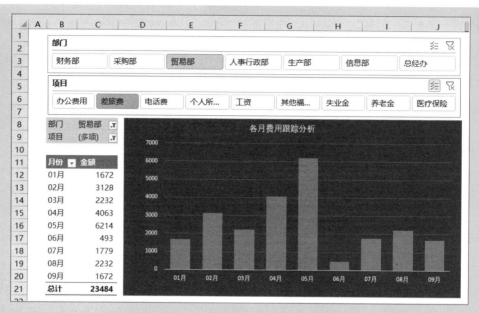

图 4-45 刷新各个月份数据，月份自动增加

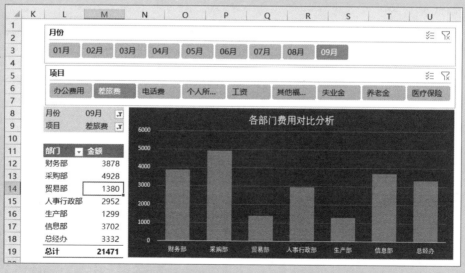

图 4-46 月份自动增加，可以查看最新数据

4.2 产品成本跟踪分析模板

成本分析是比较复杂的，而产品成本数据也多是从系统导出的，如何建立基于系统导出的数据，建立一个自动化产品成本跟踪分析模板？本节，我们介绍一个简单的实际应用案例。

4.2.1 示例数据

图 4-47 是从 K3 导出的各月的产品成本数据表，现在要求建立一个自动化的成本跟踪分析模板，能够查看指定产品、指定成本项目各个月的变化。

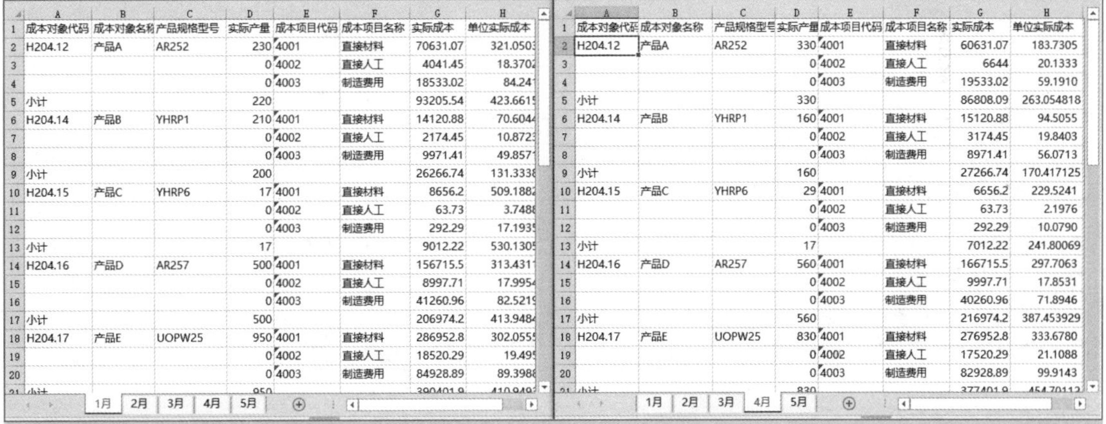

	A	B	C	D	E	F	G	H
1	成本对象代码	成本对象名称	产品规格型号	实际产量	成本项目代码	成本项目名称	实际成本	单位实际成本
2	H204.12	产品A	AR252	230	4001	直接材料	70631.07	321.0503
3				0	4002	直接人工	4041.45	18.3702
4				0	4003	制造费用	18533.02	84.241
5	小计			220			93205.54	423.6615
6	H204.14	产品B	YHRP1	210	4001	直接材料	14120.88	70.6044
7				0	4002	直接人工	2174.45	10.8723
8				0	4003	制造费用	9971.41	49.8571
9	小计			200			26266.74	131.3338
10	H204.15	产品C	YHRP6	17	4001	直接材料	8656.2	509.1882
11				0	4002	直接人工	63.73	3.7488
12				0	4003	制造费用	292.29	17.1935
13	小计			17			9012.22	530.1305
14	H204.16	产品D	AR257	500	4001	直接材料	156715.5	313.4311
15				0	4002	直接人工	8997.71	17.9954
16				0	4003	制造费用	41260.96	82.5219
17	小计			500			206974.2	413.9484
18	H204.17	产品E	UOPW25	950	4001	直接材料	286952.8	302.0555
19				0	4002	直接人工	18520.29	19.495
20				0	4003	制造费用	84928.89	89.3988
21	小计			950			390401.9	410.949

	A	B	C	D	E	F	G	H
1	成本对象代码	成本对象名称	产品规格型号	实际产量	成本项目代码	成本项目名称	实际成本	单位实际成本
2	H204.12	产品A	AR252	330	4001	直接材料	60631.07	183.7305
3				0	4002	直接人工	6644	20.1333
4				0	4003	制造费用	19533.02	59.1910
5	小计			330			86808.09	263.054818
6	H204.14	产品B	YHRP1	160	4001	直接材料	15120.88	94.5055
7				0	4002	直接人工	3174.45	19.8403
8				0	4003	制造费用	8971.41	56.0713
9	小计			160			27266.74	170.417125
10	H204.15	产品C	YHRP6	29	4001	直接材料	6656.2	229.5241
11				0	4002	直接人工	63.73	2.1976
12				0	4003	制造费用	292.29	10.0790
13	小计			17			7012.22	241.80069
14	H204.16	产品D	AR257	560	4001	直接材料	166715.5	297.7063
15				0	4002	直接人工	9997.71	17.8531
16				0	4003	制造费用	40260.96	71.8946
17	小计			560			216974.2	387.453929
18	H204.17	产品E	UOPW25	830	4001	直接材料	276952.8	333.6780
19				0	4002	直接人工	17520.29	21.1088
20				0	4003	制造费用	82928.89	99.9143
21	小计			830			377401.9	454.70112

图 4-47　系统导出的各月的产品成本数据

4.2.2 整理加工，建立数据模型

这个例子跟前面介绍的管理费用分析模板差不多，首先要建立一个各个月份数据的动态汇总模型，然后再利用数据透视表分析数据。

首先在当前工作簿插入一个工作表，命名为“汇总分析”。

执行“数据”→“获取数据”→“来自文件”→“从工作簿”命令，打开“导入数据”对话框，从文件夹里选择工作簿文件，如图 4-48 所示。

图 4-48 选择工作簿

单击"导入"按钮，打开"导航器"对话框，选择顶部的工作簿名称，如图 4-49 所示。

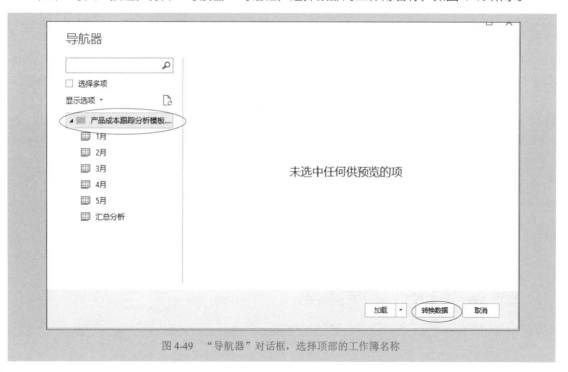

图 4-49 "导航器"对话框，选择顶部的工作簿名称

单击"转换数据"按钮，打开"Power Query 编辑器"窗口，如图 4-50 所示。

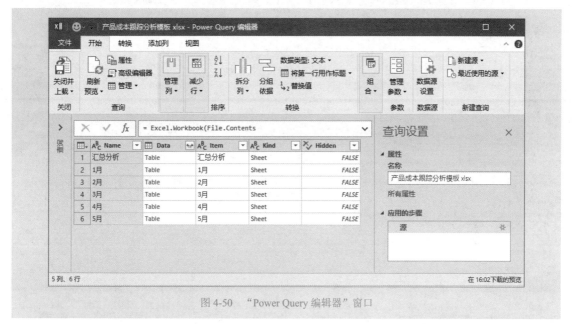

图 4-50 "Power Query 编辑器"窗口

从第一列"Name"中筛选掉"汇总分析"行，得到只存在各个月表的数据，如图 4-51 所示。

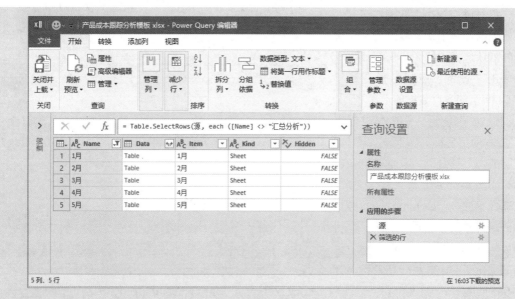

图 4-51 留下需要汇总分析的各个月表

保留前两列，删除其他各列，如图 4-52 所示。

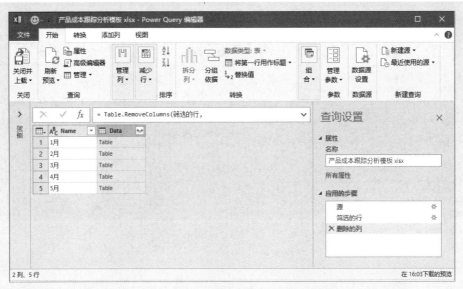

图 4-52　删除不需要的列

单击"Data"标题右侧的展开按钮，打开筛选窗格，取消勾选"使用原始列名作为前缀"复选框，保留其他的默认选择，如图 4-53 所示。

单击"确定"按钮，就得到了图 4-54 所示的各月数据的汇总表。

仅保留"月份""成本对象名称""成本项目名称""实际成本""单位实际成本"这几列，其他的列全部删除，如图 4-55 所示。

选择第二列"Column2"（原始数据的"成本对象名称"列），执行"转换"→"填充"→"向下"命令，将所有"null"填充为产品名称，如图 4-56 所示。

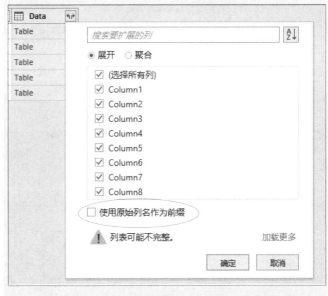

图 4-53　取消勾选"使用原始列名作为前缀"复选框

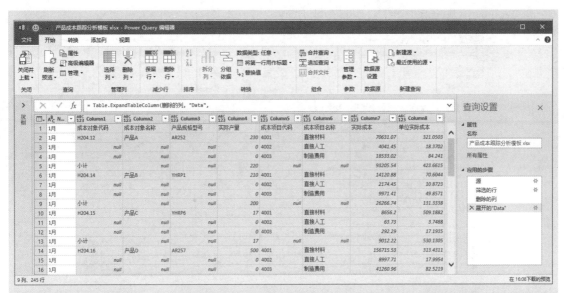

图 4-54　各月数据的汇总表

图 4-55　删除不需要的列

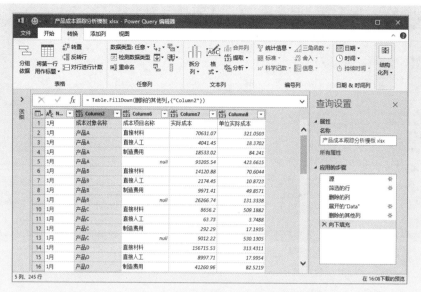

图 4-56 填充产品名称

选择第三列"Column6"（原始数据的"成本项目名称"列），执行"转换"→"替换值"命令，将所有"null"替换为"成本合计"，如图 4-57 所示。

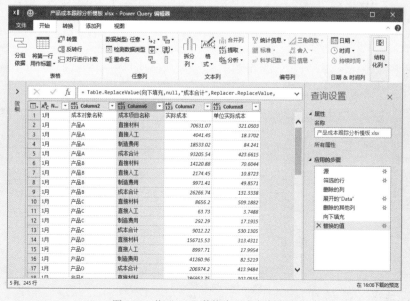

图 4-57 将"null"替换为"成本合计"

从某列中筛选掉原始每个月表的标题，如图 4-58 所示。

图 4-58　准备筛选掉每个原始表中的标题

这样就得到了图 4-59 所示的数据表。

图 4-59　各月的产品成本汇总表

将各列默认的标题分别重命名为"月份""产品""成本项目""实际成本"和"单位实际成本"，然后将两列金额数据类型设置为"小数"，如图 4-60 所示。

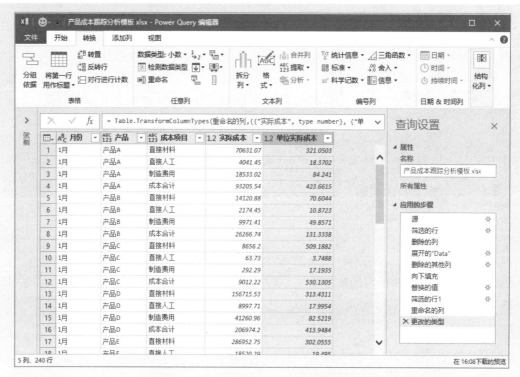

图 4-60　修改默认标题名称，设置金额数据类型

最后，执行"开始"→"关闭并上载至"命令，打开"导入数据"对话框，选中"数据透视表"单选按钮和"现有工作表"单选按钮，指定工作表位置，如图 4-61 所示。

单击"确定"按钮，就在"汇总分析"工作表中创建了一个透视表，如图 4-62 所示。

对数据透视表进行布局并美化，得到图 4-63 所示的汇总报表。

图 4-61　设置数据返回形式和保存位置

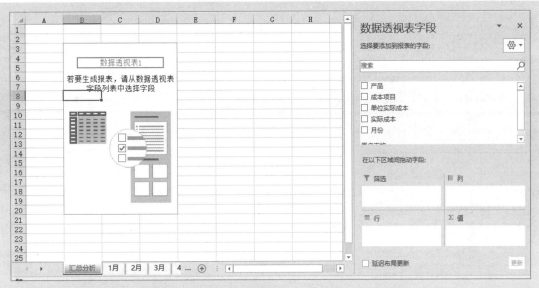

图 4-62　创建基于几个月成本工作表查询链接的数据透视表

产品	成本项目	1月		2月		3月		4月	
		单位成本	实际成本	单位成本	实际成本	单位成本	实际成本	单位成本	实际成
⊟产品A	直接材料	321.0503	70631.07	307.0916087	70631.07	207.7384412	70631.07	183.7305152	6
	直接人工	18.3702	4041.45	24.53913043	5644	19.54117647	6644	20.13333333	
	制造费用	84.241	18533.02	84.92617391	19533.02	54.50888235	18533.02	59.1909697	1
	成本合计	423.6615	93205.54	416.556913	95808.09	281.7885	95808.09	263.0548182	8
⊟产品B	直接材料	70.6044	14120.88	64.18581818	14120.88	101.0073333	12120.88	94.5055	
	直接人工	10.8723	2174.45	13.52022727	2974.45	18.12041667	2174.45	19.8403125	
	制造费用	49.8571	9971.41	49.87004545	10971.41	83.09508333	9971.41	56.0713125	
	成本合计	131.3338	26266.74	127.5760909	28066.74	202.2228333	24266.74	170.417125	2
⊟产品C	直接材料	509.1882	8656.2	419.8347826	9656.2	298.4896552	8656.2	229.5241379	
	直接人工	3.7488	63.73	2.770869565	63.73	2.197586207	63.73	2.197586207	
	制造费用	17.1935	292.29	17.05608696	392.29	10.07896552	292.29	10.07896552	
	成本合计	530.1305	9012.22	439.6617391	10112.22	310.7662069	9012.22	241.8006897	
⊟产品D	直接材料	313.4311	156715.53	339.8375577	176715.53	279.8491607	156715.53	297.7063036	16

图 4-63　各个产品、各个月的成本汇总表

　　也可以将这个透视表复制一份，分别来汇总各个产品、各个月的实际成本和单位成本，如图 4-64 和图 4-65 所示。

实际成本		月份 ▼				
产品 ▼	成本项目 ▼	1月	2月	3月	4月	5月
⊟产品A	直接材料	70631.07	70631.07	70631.07	60631.07	70631.07
	直接人工	4041.45	5644	6644	6644	5644
	制造费用	18533.02	19533.02	18533.02	19533.02	19533.02
	成本合计	93205.54	95808.09	95808.09	86808.09	95808.09
⊟产品B	直接材料	14120.88	14120.88	12120.88	15120.88	14120.88
	直接人工	2174.45	2974.45	2174.45	3174.45	2974.45
	制造费用	9971.41	10971.41	9971.41	8971.41	10971.41
	成本合计	26266.74	28066.74	24266.74	27266.74	28066.74
⊟产品C	直接材料	8656.2	9656.2	8656.2	6656.2	9656.2
	直接人工	63.73	63.73	63.73	63.73	63.73
	制造费用	292.29	392.29	292.29	292.29	392.29
	成本合计	9012.22	10112.22	9012.22	7012.22	10112.22
⊟产品D	直接材料	156715.53	176715.53	156715.53	166715.53	176715.53
	直接人工	8997.71	8997.71	8997.71	9997.71	8997.71
	制造费用	41260.96	39260.96	41260.96	40260.96	39260.96
	成本合计	206974.2	224974.2	206974.2	216974.2	224974.2
⊟产品E	直接材料	286952.75	316952.75	286952.75	276952.75	316952.75
	直接人工	18520.29	17520.29	18520.29	17520.29	17520.29

图 4-64 各个产品、各个月的实际成本汇总表

单位成本		月份 ▼				
产品 ▼	成本项目 ▼	1月	2月	3月	4月	5月
⊟产品A	直接材料	321.0503	307.0916087	207.7384412	183.7305152	307.0916087
	直接人工	18.3702	24.53913043	19.54117647	20.13333333	24.53913043
	制造费用	84.241	84.92617391	54.50888235	59.1909697	84.92617391
	成本合计	423.6615	416.556913	281.7885	263.0548182	416.556913
⊟产品B	直接材料	70.6044	64.18581818	101.0073333	94.5055	64.18581818
	直接人工	10.8723	13.52022727	18.12041667	19.8403125	13.52022727
	制造费用	49.8571	49.87004545	83.09508333	56.0713125	49.87004545
	成本合计	131.3338	127.5760909	202.2228333	170.417125	127.5760909
⊟产品C	直接材料	509.1882	419.8347826	298.4896552	229.5241379	419.8347826
	直接人工	3.7488	2.770869565	2.197586207	2.197586207	2.770869565
	制造费用	17.1935	17.05608696	10.07896552	10.07896552	17.05608696
	成本合计	530.1305	439.6617391	310.7662069	241.8006897	439.6617391
⊟产品D	直接材料	313.4311	339.8375577	279.8491607	297.7063036	339.8375577
	直接人工	17.9954	17.30328846	16.06733929	17.85305357	17.30328846
	制造费用	82.5219	75.50184615	73.68028571	71.89457143	75.50184615
	成本合计	413.9484	432.6426923	369.5967857	387.4539286	432.6426923
⊟产品E	直接材料	302.0555	344.5138587	345.7262048	333.678012	344.5138587
	直接人工	19.495	19.04379348	22.31360241	21.10878313	19.04379348
	制造费用	89.3988	96.66183696	102.3239639	99.9143253	96.66183696

图 4-65 各个产品、各个月的单位成本汇总表

4.2.3 建立分析模板

下面我们仅分析各个产品在各个月单位成本的变化情况，建立一个能够分析任意产品在某个月的成本结构，以及该产品在各个月的单位成本变化的模型。

将透视表进行重新布局，插入切片器用于选择产品和月份，绘制饼图，得到可以查看指定月份、指定产品的成本结构分析报告，如图 4-66 所示。

对于成本的月度跟踪，可以将数据透视表复制一份，重新布局，然后插入两个切片器，用于选择产品和成本项目，插入一个数据透视图，布局报告，就得到图 4-67 所示的分析指定产品、指定成本项目的各月变化情况。

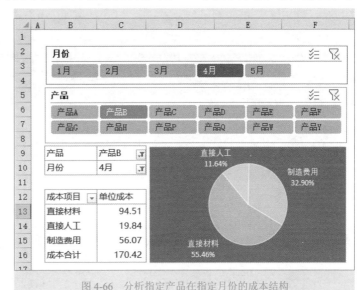

图 4-66　分析指定产品在指定月份的成本结构

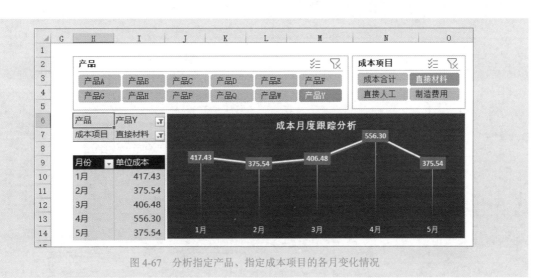

图 4-67　分析指定产品、指定成本项目的各月变化情况

4.2.4 模型刷新

这是一个自动化汇总与分析模型，当增加了月份成本数据表后，只要刷新任一数据透视表或切片器，即可得到最新的分析报告。图 4-68 是增加了 6 月和 7 月成本数据表的情况，图 4-69 是刷新的分析报告。

	A 成本对象代码	B 成本对象名称	C 产品规格型号	D 实际产量	成本项目代码	F 成本项目名称	G 实际成本	H 单位实际成本	I
1					E				
2	H204.12	产品A	AR252	330	4001	直接材料	60631.07	183.7305	
3				0	4002	直接人工	6644	20.1333	
4				0	4003	制造费用	19533.02	59.1910	
5	小计			330			86808.09	263.054818	
6	H204.14	产品B	YHRP1	230	4001	直接材料	19120.88	83.1343	
7				0	4002	直接人工	5174.45	22.4976	
8				0	4003	制造费用	9971.41	43.3540	
9	小计			230			34266.73	148.985826	
10	H204.15	产品C	YHRP6	29	4001	直接材料	6656.2	229.5241	
11				0	4002	直接人工	63.73	2.1976	
12				0	4003	制造费用	292.29	10.0790	
13	小计			17			7012.22	241.80069	
14	H204.16	产品D	AR257	350	4001	直接材料	126715.5	362.0444	
15				0	4002	直接人工	7997.71	22.8506	
16				0	4003	制造费用	30260.96	86.4599	
17	小计			350			164974.2	471.354857	
18	H204.17	产品E	UOPW25	610	4001	直接材料	236952.8	388.4471	
19				0	4002	直接人工	11520.29	18.8857	
20				0	4003	制造费用	67928.89	111.3588	
21	小计			610			316401.9	518.691689	

汇总分析 | 1月 | 2月 | 3月 | 4月 | 5月 | 6月 | 7月 ⊕

图 4-68　增加了 6 月和 7 月成本数据表的情况

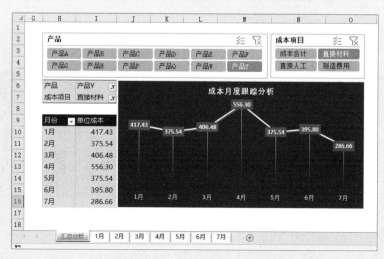

图 4-69　增加了 6 月和 7 月成本数据表后的最新分析报告

4.3 店铺经营分析模板

店铺分析是比较烦琐的，因为每个店铺的经营数据会有很多工作表数据，此时需要先解决这些店铺数据的快速汇总问题，然后才是数据分析。

4.3.1 示例数据

图 4-70 是保存各月店铺月报数据的工作簿文件（目前只有 5 个月的数据），每个工作簿保存有数十家店铺的当月经营数据，如图 4-71 所示。

现在要求建立一个自动化汇总分析模型，能够从各个方面来分析店铺的经营情况。

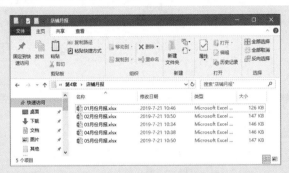

图 4-70　各月店铺经营月报数据

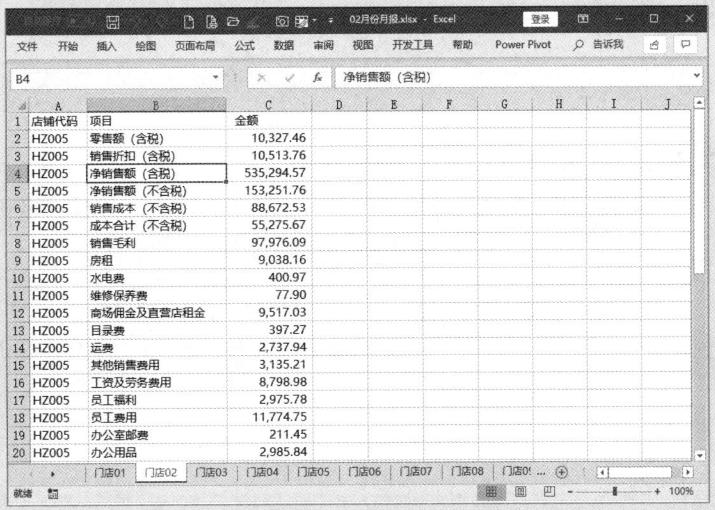

图 4-71　每个月工作簿中各个店铺的经营数据

4.3.2 建立自动化汇总模型

考虑到文件夹里会不断增加后续月份工作簿文件，因此使用 Power Query 汇总最方便。为简化数据汇总，每月店铺数据工作簿保存在文件夹"店铺月报"中，此文件夹仅仅保存每月店铺数据工作簿，没有其他不相干的文件。

新建一个工作簿，另存为"店铺经营分析 .xlsx"。

执行"数据"→"获取数据"→"来自文件"→"从文件夹"命令，如图 4-72 所示。

打开"文件夹"对话框，如图 4-73 所示。

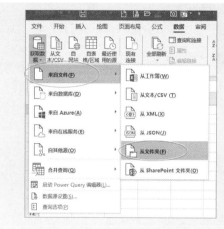

图 4-72　"来自文件"→"从文件夹"命令　　　　　图 4-73　"文件夹"对话框

单击"浏览"按钮，打开"浏览文件夹"对话框，选择要汇总数据的文件夹，如图 4-74 所示。

选择文件夹后，单击"确定"按钮，返回到"文件夹"对话框，如图 4-75 所示。

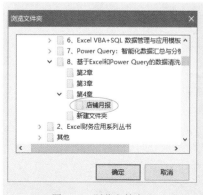

图 4-74　浏览文件夹　　　　　　　　　图 4-75　选择了要汇总的文件夹

单击"确定"按钮，打开一个文件预览对话框，列示出要汇总的工作簿及其相关信息，如图4-76所示。

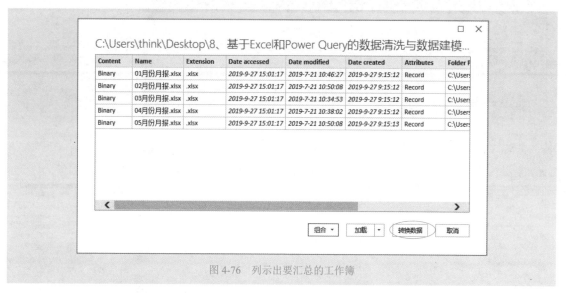

图4-76　列示出要汇总的工作簿

单击"转换数据"按钮，打开"Power Query 编辑器"窗口，如图 4-77 所示。

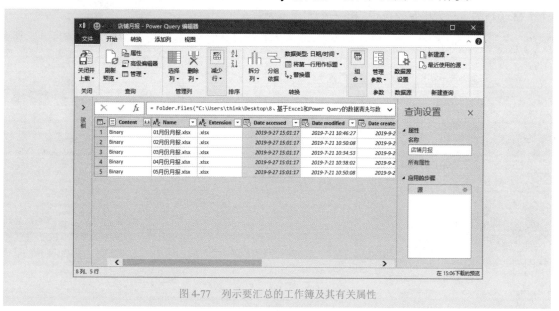

图4-77　列示要汇总的工作簿及其有关属性

保留前两列"Content"和"Name"，删除其他的所有列，如图 4-78 所示。

执行"添加列"→"自定义列"命令，如图 4-79 所示。

图 4-78 保留前两列"Content"和"Name"，删除其他的所有列   图 4-79 "自定义列"命令

打开"自定义列"对话框，保持默认的列名不变，输入下面的自定义列公式，如图 4-80 所示。注意 M 函数的字母大小写，单词的第一个字母是大写。

= Excel.Workbook([Content])

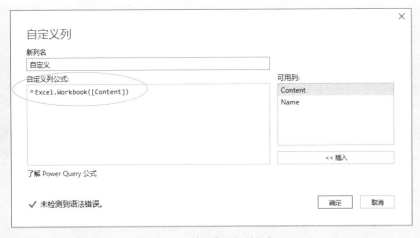

图 4-80 输入自定义列公式

单击"确定"按钮，就可得到一个新列"自定义"，如图 4-81 所示。

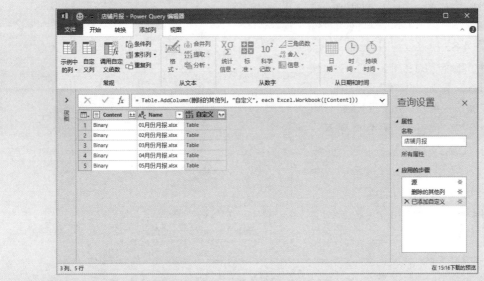

图 4-81　添加的新列"自定义"

删除左边的"Content"列，保留"Name"列和"自定义"列，如图 4-82 所示。

图 4-82　删除"Content"列，保留"Name"和"自定义"列

单击"自定义"列标题右侧的展开按钮 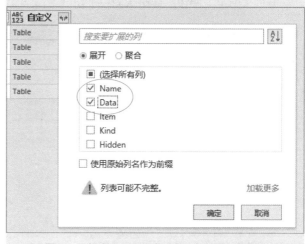，展开筛选窗格，勾选"Name"复选框和"Data"复选框，取消其他的所有选择，如图 4-83 所示。"Name"表示工作簿内每个工作表的名称，也就是店铺名称；"Data"是每个工作表的数据。

单击"确定"按钮，就得到了展开的每个工作簿下的工作表，如图 4-84 所示。

再单击"Data"列标题右侧的展开按钮 ，展开筛选窗格，选择所有列，取消勾选"使用原始列名作为前缀"复选框，如图 4-85 所示。这里的每个 Column 就是每个工作表的数据列。

图 4-83 勾选"Name"复选框和"Data"复选框

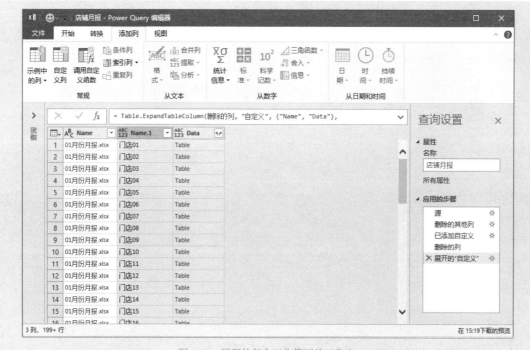

图 4-84 展开的每个工作簿下的工作表

图 4-85 展开每个工作表的 Data

单击"确定"按钮,就得到了每个工作簿中每个工作表的数据,如图 4-86 所示。

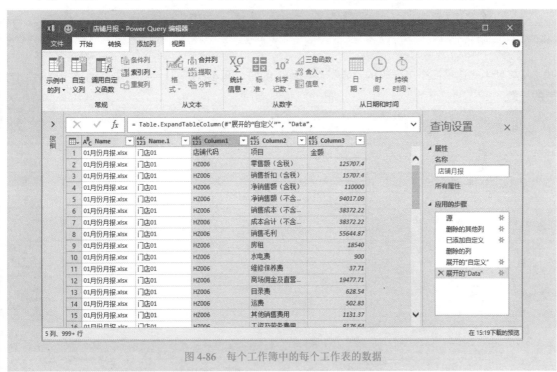

图 4-86 每个工作簿中的每个工作表的数据

删除第三列店铺代码,然后将其他列名分别修改为"月份""店铺""项目"和"金额",如图 4-87 所示。

图 4-87　修改列标题

从某列中筛选掉每个工作表的原始标题名称。例如，图 4-88 是从金额列中取消选择原始工作表的标题。

图 4-88　取消选择原始工作表的标题

单击"确定"按钮，就得到了图 4-89 所示的表。

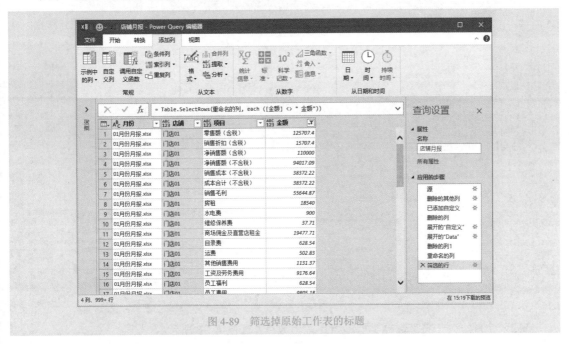

图 4-89　筛选掉原始工作表的标题

选择第一列，执行"转换"→"替换值"命令，如图 4-90 所示。

打开"替换值"对话框，在"要查找的值"输入框中输入"份月报 .xlsx"，在"替换为"输入框中留空，准备获取月份名称，如图 4-91 所示。

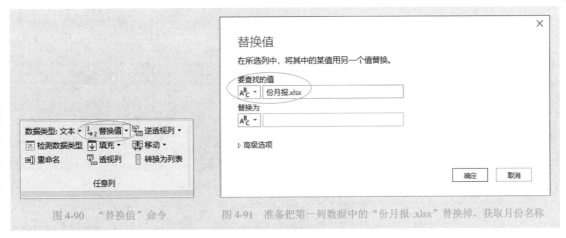

图 4-90　"替换值"命令　　　图 4-91　准备把第一列数据中的"份月报 .xlsx"替换掉，获取月份名称

单击"确定"按钮，就得到了月份名称，如图 4-92 所示。

图4-92 得到月份名称

选择"金额"列，将其数据类型设置为"小数"，如图4-93所示。

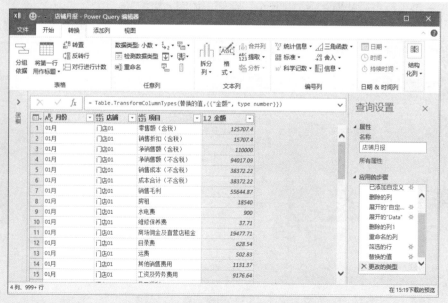

图4-93 将"金额"列数据类型设置为"小数"

由于我们仅仅是分析大项数据，因此从第三列中筛选出要分析的大项目，如图 **4-94** 所示。

图 4-94　从"项目"列中筛选出要分析的大项

选择"项目"列，执行"替换值"命令，将各个项目名称进行规范（批量查找替换），如图 **4-95** 所示。

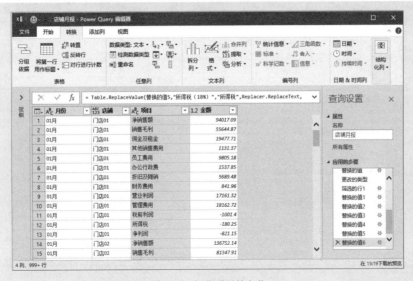

图 4-95　规范项目的名称

选择"金额"列，执行"转换"→"标准"→"除"命令，如图 4-96 所示。

打开"除"对话框，输入"值"为 1000，如图 4-97 所示，准备将金额数字都除以 1000，得到以千元为单位的金额数字。

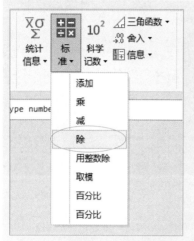 

图 4-96　"标准"→"除"命令　　　　图 4-97　输入"值"为 1000，准备将金额数字都除以 1000

单击"确定"按钮，就得到了以千元为单位的金额数字，如图 4-98 所示。

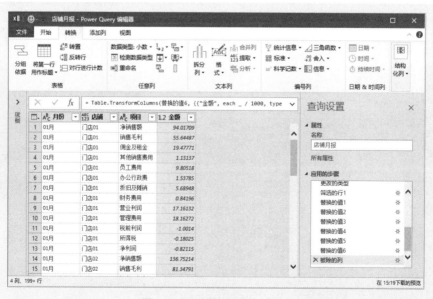

图 4-98　金额数字以千元为单位

选择"金额"列，执行"转换"→"舍入"命令，如图 4-99 所示。

打开"舍入"对话框，输入"小数位数"为 2，如图 4-100 所示。

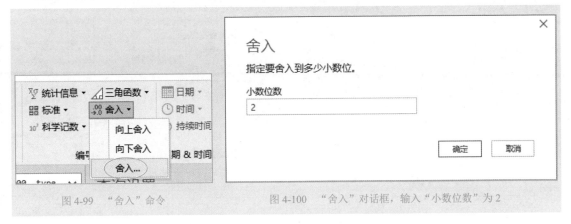

图 4-99　"舍入"命令　　　　　图 4-100　"舍入"对话框，输入"小数位数"为 2

单击"确定"按钮，就将金额数字进行了四舍五入，保留两位小数点，如图 4-101 所示。

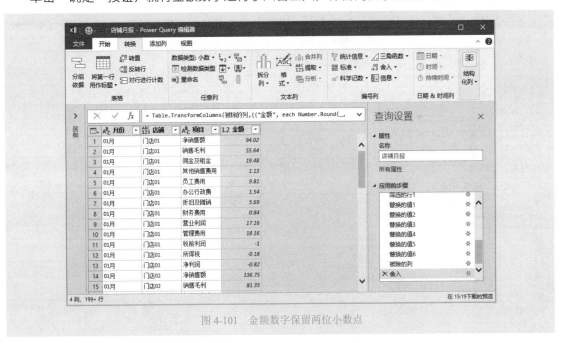

图 4-101　金额数字保留两位小数点

执行"开始"→"关闭并上载至"命令，如图 4-102 所示。

打开"导入数据"对话框，选中"数据透视表"单选按钮和"现有工作表"单选按钮，指定数据透视表的存放位置，如图 4-103 所示。

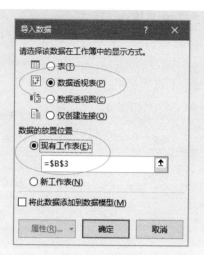

图 4-102 "关闭并上载至"命令　图 4-103　选中"数据透视表"单选按钮和"现有工作表"单选按钮，指定数据透视表的存放位置

单击"确定"按钮，就得到了一个基于文件夹所有工作簿数据的数据透视表，如图 4-104 所示。

图 4-104　创建的基于文件夹所有工作簿数据的数据透视表

下面我们将以这个数据透视表（和查询表）为基础，进行店铺经营分析，制作各种分析报告。

4.3.3　店铺盈亏分布分析

将透视表移动到适当位置，布局透视表，以"店铺"为行字段，汇总净销售额和净利润，如图 4-105 所示。

设计如图 4-106 所示的报表，以了解所有店铺的整体经营情况，这里使用切片器选择要分析的月份，使用普通的 XY 散点图来分析各个店铺销售和净利润的分布（净销售额为 X 轴，净利润为 Y 轴）。

切片器下方是使用 Excel 函数公式设计的统计表，各个单元格公式如下。

1. 家数统计

单元格 C12：

```
=COUNTIF(V:V,">=0")
```

单元格 D12：

```
=COUNTIF(V:V,"<0")
```

单元格 E12：

```
=SUM(C12:D12)
```

2. 家数占比统计

单元格 C13：

```
=C12/$E$12
```

单元格 D13：

```
=D12/$E$12
```

单元格 E13：

```
=E12/$E$12
```

3. 净销售额统计

单元格 C14：

```
=SUMIF(V:V,">=0",U:U)
```

单元格 D14：

```
=SUMIF(V:V,"<0",U:U)
```

单元格 E14：

```
=SUM(C14:D14)
```

4. 净利润统计

单元格 C15：

```
=SUMIF(V:V,">=0",V:V)
```

单元格 D15：

```
=SUMIF(V:V,"<0",V:V)
```

单元格 E15：

```
=SUM(C15:D15)
```

5. 净利润率统计

单元格 C16：

```
=C15/C14
```

单元格 D16：

```
=D15/D14
```

单元格 E16：

```
=E15/E14
```

▲	S	T	U	V	W
1		月份	05月 ▼		
2					
3		金额	项目 ▼		
4		店铺 ▼	净销售额	净利润	
5		门店01	109.89	-47.17	
6		门店02	-0.16	-228.49	
7		门店03	304.43	184.43	
8		门店04	77.55	-155.33	
9		门店05	502.66	362.65	
10		门店06	43.75	-106.55	
11		门店07	-10.43	-360.11	
12		门店08	-67.99	-218.08	
13		门店09	519.39	149.79	
14		门店10	421.42	143.55	
15		门店11	139.51	9.77	
16		门店12	248.35	-316.9	
17		门店13	209.84	77.1	
18		门店14	359.17	273.86	
19		门店15	129.37	14.09	
20		门店16	75.47	-84.45	

Sheet1 ⊕

图 4-105　各个店铺的净销售额和净利润

这样，我们就可以通过切片器查看某个月的盈亏分布，如图 4-106 所示，也可以查看某几个月累计值的分布，如图 4-107 所示。

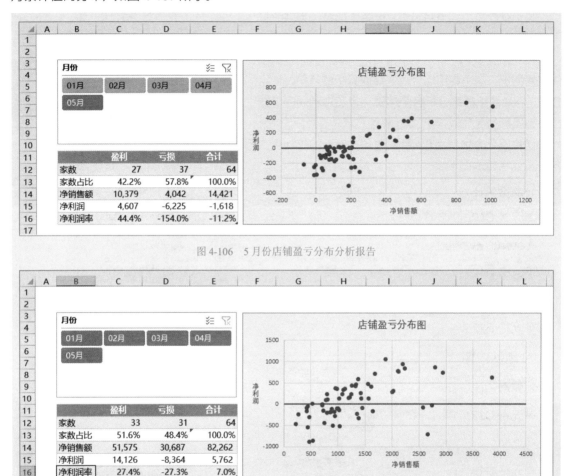

图 4-106　5 月份店铺盈亏分布分析报告

图 4-107　1~5 月份店铺累计销售额和净利润分析

4.3.4　指定店铺的各月经营跟踪分析

复制一份透视表到新的工作表中，以"月份"作为行字段，如图 4-108 所示。

插入两个切片器用于分析指定店铺和指定项目，绘制柱形图，将切片器和图表置透视表上方，得到各月数据的跟踪报告，如图 4-109 所示。

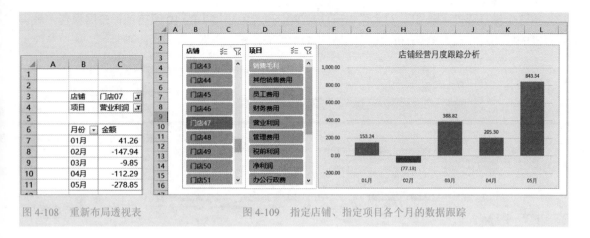

图 4-108　重新布局透视表　　　　图 4-109　指定店铺、指定项目各个月的数据跟踪

4.3.5　店铺排名分析

这么多家店铺中，营业利润哪家最好？净利润呢？毛利呢？哪家亏损最多？我们可以建立一个店铺排名分析模板。

将透视表复制一份到新的工作表中重新布局，然后对金额进行降序排序，并对店铺筛选前 10 大项目，得到指定月份、指定项目的金额最大的前 10 家店铺，并绘制条形图，设置图表格式，得到排名图表，如图 4-110 所示。

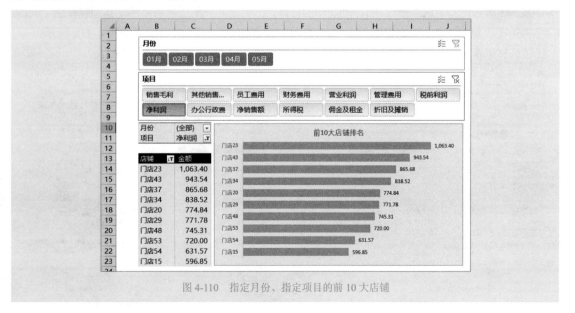

图 4-110　指定月份、指定项目的前 10 大店铺

将这个透视表复制一份，对金额做升序排序，筛选金额最小的 10 家店铺，布局报告，就得到最差的后 10 大店铺排名分析报告，如图 4-111 所示。

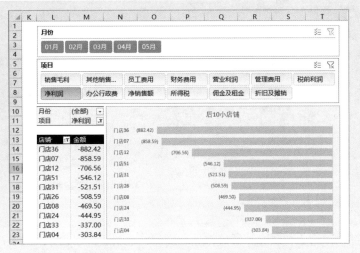

图 4-111　指定月份、指定项目的后 10 大店铺

4.3.6　指定店铺的净利润影响因素分析

某家店铺为什么净销售额较高，净利润却为负数？分析净利润的因素可以帮助我们解释这个问题。将透视表复制一份到新的工作表，重新布局，选择影响净利润的大项，如图 4-112 所示。设计辅助区域，将所有的成本费用等支出类项目变为负值，如图 4-113 所示。

项目	金额			辅助区域
店铺	(全部)			
月份	03月			
净销售额	20,052.78			20052.78
成本合计	7,558.11			-7558.11
佣金及租金	2,179.43			-2179.43
折旧及摊销	549.53			-549.53
其他销售费用	237.01			-237.01
员工费用	1,825.38			-1825.38
财务费用	179.42			-179.42
管理费用	2,999.28			-2999.28
办公行政费	160.38			-160.38
所得税	221.53			-221.53
净利润	4,142.70			4142.7

图 4-112　布局透视表　　　　　图 4-113　设计辅助区域

以 B 列的项目名称作为分类轴，以 E 列的辅助区域作为数值，绘制瀑布图，得到图 4-114 所示的净利润因素分析图。

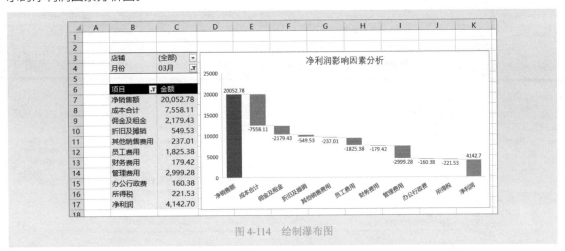

图 4-114　绘制瀑布图

插入两个切片器，用于选择月份和店铺，并重新布局分析报告，就可得到图 4-115 所示的指定月份、指定店铺的净利润分析报告。

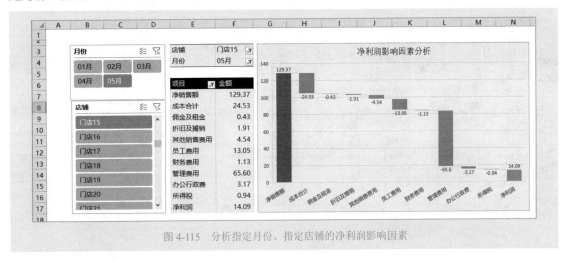

图 4-115　分析指定月份、指定店铺的净利润影响因素

4.3.7　模型刷新

如果源数据文件夹增加了新的月份数据，如图 4-116 所示，那么，只要刷新任意一个数据透视表或者切片器，即可得到最新的分析报告，如图 4-117 所示。

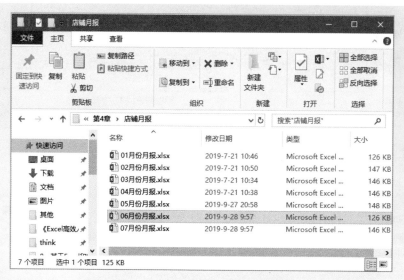

图 4-116　文件夹增加了月份数据工作簿

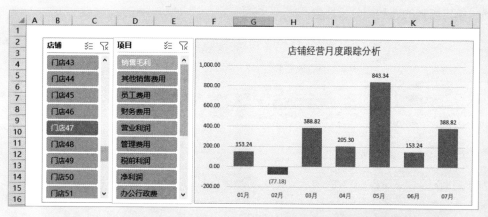

图 4-117　分析报告自动更新

第(5)章

销售数据分析建模

Excel

销售数据分析是企业重要的数据分析之一，它不仅数据量大，而且维度多。本章将介绍如何联合使用 Power Query 工具和 Excel 函数构建一个简单的销售数据分析模型。

基础数据为两个表：今年销售数据明细和去年销售数据明细，如图 5-1 所示。今年明细表数据仅仅是截止到当前导出数据的月份。

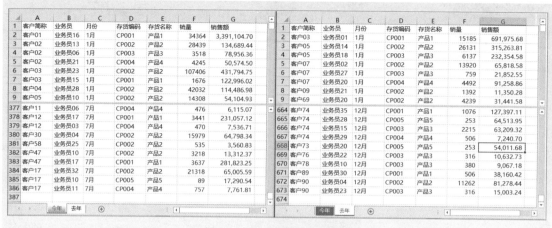

图 5-1　两年的销售数据明细表

5.1 构建数据分析模型

考虑到两年数据不仅要做本年度分析，还要考虑同比分析，因此可以构建两个基本数据模型：本年度模型和同比模型。

5.1.1　建立各年基本查询表

执行"数据"→"获取数据"→"来自文件"→"从工作簿"命令，如图 5-2 所示，打开"导入数据"对话框，从文件夹里选择工作簿，如图 5-3 所示。

单击"导入"按钮，打开"导航器"对话框，勾选"选择多项"复选框，分别勾选两个表"今年"和"去年"，如图 5-4 所示。

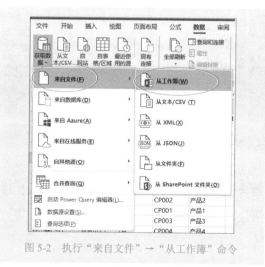

图 5-2　执行"来自文件"→"从工作簿"命令

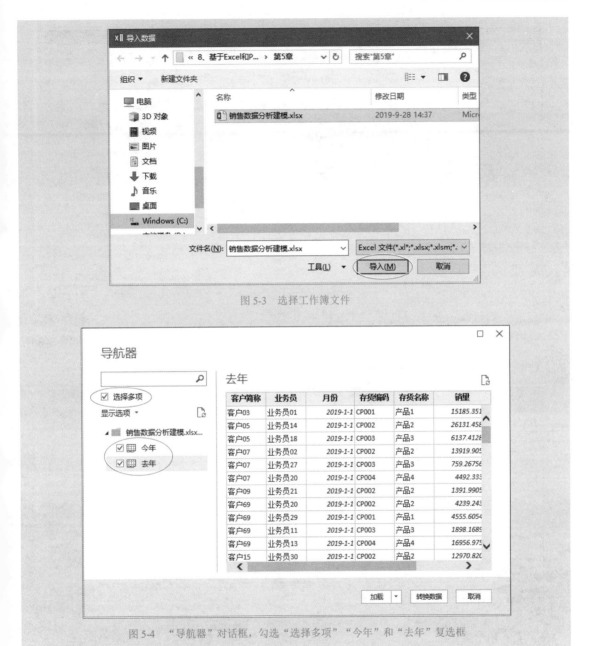

图 5-3 选择工作簿文件

图 5-4 "导航器"对话框，勾选"选择多项""今年"和"去年"复选框

单击"转换数据"按钮，打开"Power Query 编辑器"窗口，如图 5-5 所示。

图 5-5　"Power Query 编辑器"窗口

在编辑器左侧先选择"今年"，将"月份"的数据类型重新更改为"文本"，得到图 5-6 所示的结果。

图 5-6　整理今年表格

选择"销量"列，执行"转换"→"标准"→"除"命令，如图 5-7 所示。

打开"除"对话框，输入"值"为 1000，准备将销量除以 1000，以千件表示，如图 5-8 所示。

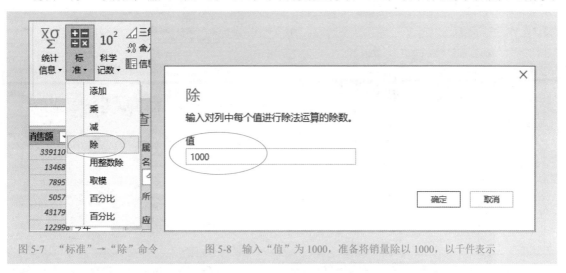

图 5-7 "标准"→"除"命令　　　　图 5-8 输入"值"为 1000，准备将销量除以 1000，以千件表示

单击"确定"按钮，就得到以千件为单位的销量，如图 5-9 所示。

图 5-9 销量除以 1000，以千件表示

对销售额也做除法处理，都除以 10000，以万元为单位，如图 5-10 所示。

图 5-10　销售额除以 10000，以万元表示

选择"销量"和"销售额"两列，执行"转换"→"舍入"命令，如图 5-11 所示。

打开"舍入"对话框，输入"小数位数"为 2，如图 5-12 所示。

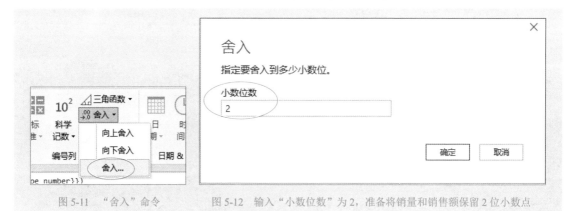

图 5-11　"舍入"命令　　　　图 5-12　输入"小数位数"为 2，准备将销量和销售额保留 2 位小数点

单击"确定"按钮，就得到图 5-13 所示的表。

执行"添加列"→"自定义列"命令，打开"自定义列"对话框，输入"新列名"为"年份"，输入"自定义列公式"为"= " 今年 ""，如图 5-14 所示。

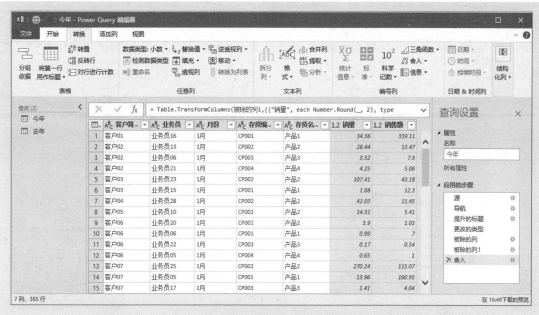

图 5-13　销量和销售额四舍五入为 2 位小数点

图 5-14　添加自定义列"年份"

单击"确定"按钮，就为"今年"表添加了自定义列"年份"，如图 5-15 所示。

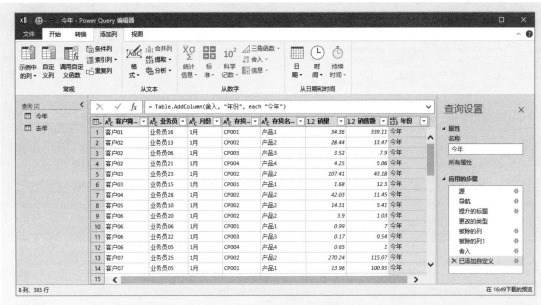

图 5-15　今年销售分析底稿

对"去年"表也做相同的数据处理，结果如图 5-16 所示。

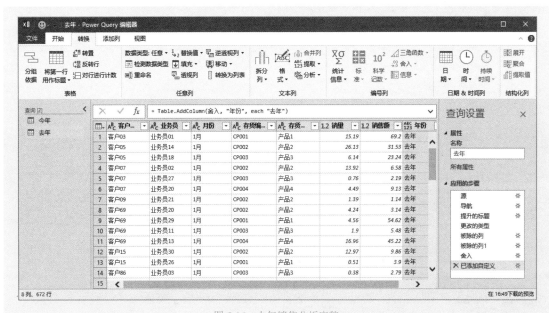

图 5-16　去年销售分析底稿

5.1.2 合并两年数据，建立同比分析模型

在"Power Query 编辑器"窗口左侧选择"今年"或"去年"，执行"开始"→"将查询追加为新查询"命令，如图 5-17 所示。

打开"追加"对话框，默认"两个表"的选择状态，目前"主表"是"今年"，那么就在"要追加到主表的表"中选择"去年"，如图 5-18 所示。

图 5-17 "将查询追加为新查询"命令　　　　　　　图 5-18 选择要追加的表

单击"确定"按钮，就将"今年"和"去年"两个表数据合并为一个新查询"Append1"，如图 5-19 所示。

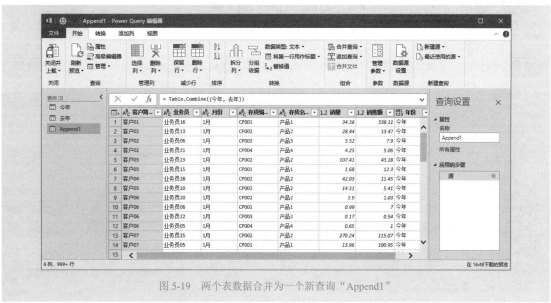

图 5-19 两个表数据合并为一个新查询"Append1"

将默认的查询名"Append1"重命名为"同比分析",如图 5-20 所示。

最后,执行"开始"→"关闭并上载至"命令,如图 5-21 所示,打开"导入数据"对话框,选中"仅创建连接"单选按钮,并勾选"将此数据添加到数据模型"复选框,如图 5-22 所示。

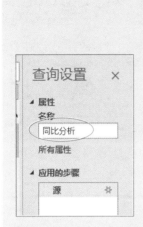

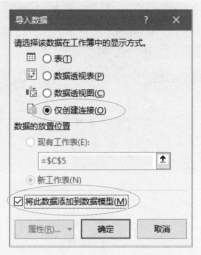

图 5-20　修改默认的查询名　　图 5-21　"关闭并上载至"命令　　图 5-22　选择数据保存方式
　"Append1"为"同比分析"

单击"确定"按钮,就创建了三个查询,如图 5-23 所示。

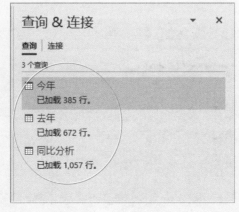

图 5-23　建立的三个查询

5.1.3 建立同比分析度量值

切换到"Power Pivot"选项卡，执行"度量值"→"新建度量值"命令，如图 5-24 所示。

打开"度量值"对话框，从顶部的"表名"中选择"同比分析"，输入"度量值名称"为"今年销售额"，输入下面的度量值公式，如图 5-25 所示。

=CALCULATE(sum(' 同比分析 '[销售额]),' 同比分析 '[年份]=" 今年 ")

单击"确定"按钮，就为查询"同比分析"插入了一个度量值"今年销售额"。

图 5-24　"度量值"→"新建度量值"命令

图 5-25　为查询模型"同比分析"插入一个度量值"今年销售额"

使用相同的方法，为数据模型添加以下几个度量值，如图 5-26 所示。

度量值名称"去年销售额"，计算公式为

=CALCULATE(sum(' 同比分析 '[销售额]),' 同比分析 '[年份]=" 去年 ")

度量值名称"销售额同比增减"，计算公式为

=[今年销售额] − [去年销售额]

度量值名称"销售额同比增长"，计算公式为

=[今年销售额]/[去年销售额] −1

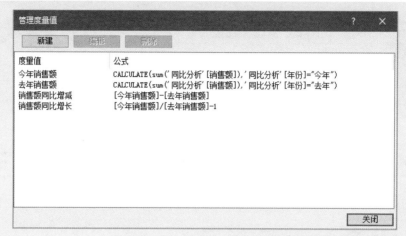

图 5-26　为数据模型添加的 4 个度量值

使用相同的方法，再新建 4 个度量值，分别计算销量的同比数据，如图 5-27 所示。

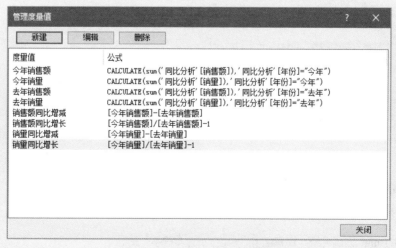

图 5-27　添加同比分析 4 个度量值

5.2 当年销售分析

当年销售分析是以查询"今年"为基础进行的，创建基于这个查询的数据透视表，就可以对今年销售做各种分析。

5.2.1 销售整体分析

在工作表右侧的"查询 & 连接"窗格中，右击选择"今年"，执行"加载到"命令，如图 5-28 所示。

打开"导入数据"对话框，选择"数据透视表"，在新工作表中创建一个数据透视表，进行布局，插入一个切片器，用于选择分析产品，绘制数据透视图，就得到一个可以查看指定产品在各个月的销售情况，如图 5-29 所示。

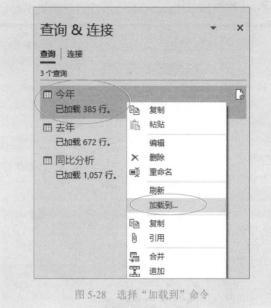

图 5-28 选择"加载到"命令

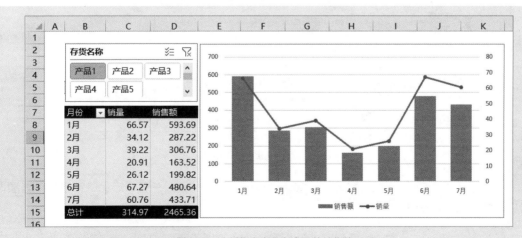

图 5-29 分析指定产品各个月的销售情况

5.2.2　前 10 大客户分析

将透视表复制两份，断开与选择产品切片器的连接，分别汇总各个客户的销量和销售额，然后对销量和销售额进行排序，筛选出前 10 大客户，最后绘制柱形图，就得到图 5-30 所示的销量前 10 大客户排名和图 5-31 所示的销售额前 10 大客户排名。

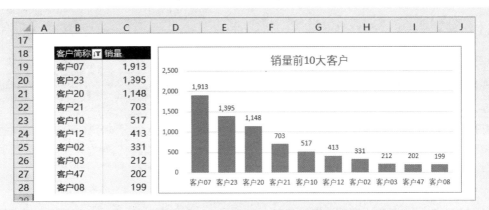

图 5-30　销量前 10 大客户

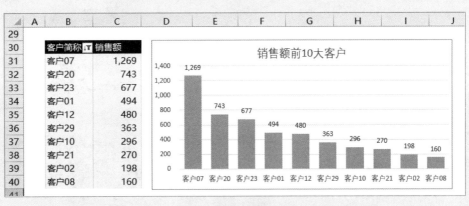

图 5-31　销售额前 10 大客户

为了了解某个客户的产品销售情况，再复制一个透视表，分别汇总各个产品的销量和销售额，以及它们的占比，如图 5-32 所示。

存货名称 ↓↑	销量	销量占比	销售额	销售额占比
产品2	1,816.06	94.91%	702.58	55.38%
产品1	71.50	3.74%	520.83	41.05%
产品4	18.83	0.98%	26.74	2.11%
产品3	6.97	0.36%	17.67	1.39%
产品5	0.05	0.00%	0.94	0.07%

客户简称: 客户01 客户02 客户03 客户04 客户05 客户06 客户07 客户08 客户09 客户10 客户11 客户12 客户13 客户14 客户15

图 5-32　分析客户的销售产品结构

5.2.3　业务员销售排名分析

将数据透视表复制一份并重新布局，以业务员做分类，汇总销量和销售额，计算占比，按照销售额进行排序，得到图 5-33 所示的报表。

存货名称: 产品1 产品2 产品3 产品4 产品5

业务员 ↓↑	排名	销量	销量占比	销售额	销售额占比
业务员16	1	351	4.22%	473.26	7.44%
业务员12	2	1,010	12.14%	402.25	6.32%
业务员33	3	356	4.28%	399.39	6.28%
业务员05	4	344	4.14%	368.3	5.79%
业务员34	5	308	3.71%	352.84	5.55%
业务员28	6	573	6.89%	286.52	4.50%
业务员32	7	685	8.24%	282.34	4.44%
业务员25	8	583	7.01%	276.41	4.34%
业务员17	9	74	0.89%	268.02	4.21%
业务员11	10	242	2.91%	240.85	3.79%
业务员01	11	243	2.92%	230.54	3.62%
业务员14	30	122	1.47%	66.3	1.04%
业务员29	31	77	0.92%	48.16	0.76%
业务员08	32	66	0.79%	44.88	0.71%
业务员26	33	109	1.31%	31.32	0.49%
业务员10	34	44	0.53%	30.31	0.48%
业务员24	35	13	0.15%	24.43	0.38%
业务员20	36	20	0.24%	11.13	0.17%
总计		8,320	100.00%	6362.33	100.00%

图 5-33　业务员销售分析

5.3 | 销售同比分析

同比分析包括产品销售的同比分析、业务员销售的同比分析、存量客户销售的同比分析等，以及同比销售增长的原因分析，这些分析可以通过使用前面创建的数据模型制作数据透视表来完成。

5.3.1 产品销售同比分析

在工作表右侧的"查询 & 连接"窗格中，右击"同比分析"，执行"加载到"命令，如图 5-34 所示。

打开"导入数据"对话框，选中"数据透视表"单选按钮和"新工作表"单选按钮，勾选"将此数据添加到数据模型"复选框，如图 5-35 所示。

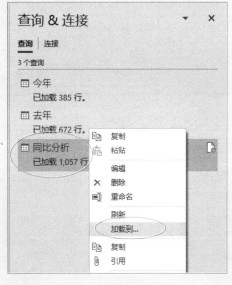

图 5-34　准备重新加载"同比分析"数据

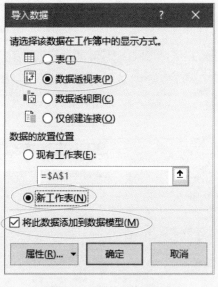

图 5-35　设置导入数据选项

单击"确定"按钮，就在一个新工作表中创建了一个数据透视表，如图 5-36 所示。

对数据透视表进行布局，插入一个切片器，选择要分析的月份，得到图 5-37 所示的产品销售同比分析报告。

这里，我们已经使用自定义格式分别对销量和销售额同比增减情况进行了标识。

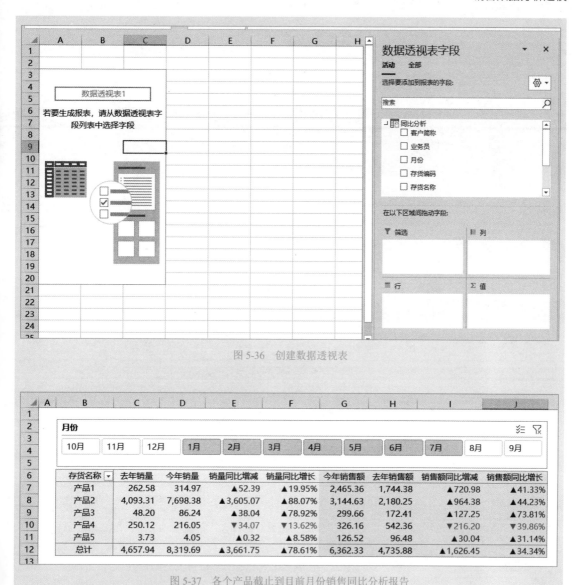

图 5-36 创建数据透视表

存货名称	去年销量	今年销量	销量同比增减	销量同比增长	今年销售额	去年销售额	销售额同比增减	销售额同比增长
产品1	262.58	314.97	▲52.39	▲19.95%	2,465.36	1,744.38	▲720.98	▲41.33%
产品2	4,093.31	7,698.38	▲3,605.07	▲88.07%	3,144.63	2,180.25	▲964.38	▲44.23%
产品3	48.20	86.24	▲38.04	▲78.92%	299.66	172.41	▲127.25	▲73.81%
产品4	250.12	216.05	▼34.07	▼13.62%	326.16	542.36	▼216.20	▼39.86%
产品5	3.73	4.05	▲0.32	▲8.58%	126.52	96.48	▲30.04	▲31.14%
总计	4,657.94	8,319.69	▲3,661.75	▲78.61%	6,362.33	4,735.88	▲1,626.45	▲34.34%

图 5-37 各个产品截止到目前月份销售同比分析报告

那么，每个产品对整体销量和整体销售额的影响程度如何？我们可以分别绘制销量和销售额的瀑布图，如图 5-38 所示。这个瀑布图需要使用辅助区域来制作，如图 5-39 所示。

233

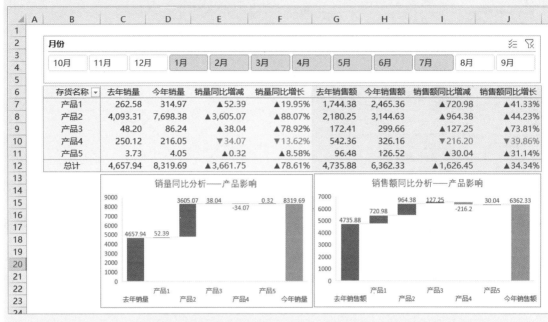

图 5-38　两年销量和销售额同比增长分析——产品影响

	A	B	C	D	E	F	G	H
13								
14				数值				数值
15			去年销量	4657.94			去年销售额	4735.88
16			产品1	▲52.39			产品1	▲720.98
17			产品2	▲3,605.07			产品2	▲964.38
18			产品3	▲38.04			产品3	▲127.25
19			产品4	▼34.07			产品4	▼216.20
20			产品5	▲0.32			产品5	▲30.04
21			今年销量	8319.69			今年销售额	6362.33
22								

图 5-39　瀑布图的辅助区域

5.3.2　客户销售同比分析

将数据透视表复制一份,用客户名称作为分类字段,即可立即得到客户两年销售同比分析报告,如图 5-40 所示。这里,我们已经对客户的今年销售额做了降序排序。

客户简称	去年销量	今年销量	销量同比增减	销量同比增长	去年销售额	今年销售额	销售额同比增减	销售额同比增长
客户07	208.86	1,913.41	▲1,704.55	▲816.12%	98.82	1,268.76	▲1,169.94	▲1183.91%
客户20	112.68	1,148.04	▲1,035.36	▲918.85%	75.18	743.02	▲667.84	▲888.32%
客户23	0.89	1,394.87	▲1,393.98	▲156626.97%	6.09	676.57	▲670.48	▲11009.52%
客户01	179.31	69.18	▼110.13	▼61.42%	121.00	494.04	▲373.04	▲308.30%
客户12		412.68	▲412.68			479.66	▲479.66	
客户29	67.11	91.53	▲24.42	▲36.39%	69.51	363.17	▲293.66	▲422.47%
客户10	67.45	517.08	▲449.63	▲666.61%	66.78	296.00	▲229.22	▲343.25%
客户21	59.54	703.28	▲643.74	▲1081.19%	30.37	269.72	▲239.35	▲788.11%
客户02		330.53	▲330.53			197.86	▲197.86	
客户08		199.35	▲199.35			160.12	▲160.12	
客户11		196.66	▲196.66			141.31	▲141.31	
客户81	0.51		▼0.51	▼100.00%	4.17		▼4.17	▼100.00%
客户37	1.77		▼1.77	▼100.00%	1.95		▼1.95	▼100.00%
客户85	15.44		▼15.44	▼100.00%	35.05		▼35.05	▼100.00%
客户64	371.80		▼371.80	▼100.00%	221.08		▼221.08	▼100.00%
客户87	0.31		▼0.31	▼100.00%	2.65		▼2.65	▼100.00%
客户65	0.51		▼0.51	▼100.00%	4.51		▼4.51	▼100.00%
客户90	14.05		▼14.05	▼100.00%	28.69		▼28.69	▼100.00%
客户66	149.66		▼149.66	▼100.00%	126.00		▼126.00	▼100.00%
客户67	90.27		▼90.27	▼100.00%	91.62		▼91.62	▼100.00%
客户36	4.43		▼4.43	▼100.00%	3.45		▼3.45	▼100.00%
总计	4,657.94	8,319.69	▲3,661.75	▲78.61%	4,735.88	6,362.33	▲1,626.45	▲34.34%

图 5-40　客户两年销售同比分析

5.3.3　业务员销售同比分析

将数据透视表复制一份,用业务员作为分类字段即可立即得到业务员两年销售同比分析报告,如图 5-41 所示。这里,我们已经对业务员的今年销售额做了降序排序。

业务员	去年销量	今年销量	销量同比增减	销量同比增长	去年销售额	今年销售额	销售额同比增减	销售额同比增长
业务员16	534.92	350.84	▼184.08	▼34.41%	327.51	473.26	▲145.75	▲44.50%
业务员12	5.76	1,009.64	▲1,003.88	▲17428.47%	40.88	402.25	▲361.37	▲883.98%
业务员33	94.85	356.25	▲261.40	▲275.59%	83.42	399.39	▲315.97	▲378.77%
业务员05	29.42	344.44	▲315.02	▲1070.77%	21.82	368.30	▲346.48	▲1587.90%
业务员34	174.95	308.44	▲133.49	▲76.30%	110.73	352.84	▲242.11	▲218.65%
业务员28	46.26	573.36	▲527.10	▲1139.43%	69.40	286.52	▲217.12	▲312.85%
业务员32	358.45	685.42	▲326.97	▲91.22%	358.47	282.34	▼76.13	▼21.24%
业务员25	276.49	583.22	▲306.73	▲110.94%	186.31	276.41	▲90.10	▲48.36%
业务员17	85.17	74.26	▼10.91	▼12.81%	146.48	268.02	▲121.54	▲82.97%
业务员11	24.54	241.81	▲217.27	▲885.37%	49.75	240.85	▲191.10	▲384.12%
业务员01	226.55	242.72	▲16.17	▲7.14%	208.06	230.54	▲22.48	▲10.80%
业务员02	181.42	73.34	▼108.08	▼59.57%	199.76	78.34	▼121.42	▼60.78%
业务员22	60.23	37.62	▼22.61	▼37.54%	163.60	70.55	▼93.05	▼56.88%
业务员06	12.02	31.89	▲19.87	▲165.31%	55.64	69.40	▲13.76	▲24.73%
业务员14	34.55	122.28	▲87.73	▲253.92%	48.68	66.30	▲17.62	▲36.20%
业务员29	390.19	76.81	▼313.38	▼80.31%	342.61	48.16	▼294.45	▼85.94%
业务员08	143.07	66.09	▼76.98	▼53.81%	122.04	44.88	▼77.16	▼63.23%
业务员26	22.39	109.16	▲86.77	▲387.54%	39.41	31.32	▼8.09	▼20.53%
业务员10	19.11	44.03	▲24.92	▲130.40%	124.45	30.31	▼94.14	▼75.64%
业务员24	187.99	12.89	▼175.10	▼93.14%	199.22	24.43	▼174.79	▼87.74%
业务员20	89.14	19.67	▼69.47	▼77.93%	109.50	11.13	▼98.37	▼89.84%
总计	4,657.94	8,319.69	▲3,661.75	▲78.61%	4,735.88	6,362.33	▲1,626.45	▲34.34%

图 5-41　业务员两年销售同比分析

第 6 章

人力资源数据分析建模

Excel

在人力资源管理中，有几个方面的数据是需要经常分析的，如员工信息分析、人工成本分析、考勤统计分析等，这些分析几乎每个月都要进行并经过相同的计算，仅有数据发生变化而已。我们可以使用有关的工具（**Excel** 函数、透视表、**Power Query** 等）建立一键刷新自动化的数据分析模型。

6.1 员工信息分析建模

员工信息分析，主要是从各个维度来分析员工的人数，例如各个部门的人数、各个学历的人数、各个年龄段的人数、各个工龄段的人数等。此外，还需要制作人事月报，分析人员流入、流出情况。

如果员工人数不多，使用简单的 COUNTIF 函数和 COUNTIFS 函数就可以快速地制作员工信息分析报告，或者直接创建普通数据透视表来快速转换分析维度。不论是函数还是数据透视表，需要在员工信息表单中设计保存各个维度的数据，例如计算年龄、工龄、从身份证号码中提取生日和性别，需要创建大量的计算公式，当数据量很大时，计算速度会很慢。

关于使用函数和透视表分析员工信息的案例，这里，我们只介绍如何使用 Power Query 来建立自动化的员工信息分析模型。

6.1.1 建立数据模型

图 6-1 是员工基本信息表单，这里仅仅保存员工最基本的信息，而员工的出生日期、性别等信息，则可以从身份证号码中提取和计算。

执行"数据"→"获取数据"→"来自文件"→"从工作簿"命令，如图 6-2 所示。

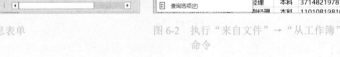

图 6-1 员工基本信息表单   图 6-2 执行"来自文件"→"从工作簿"
                                            命令

打开"导入数据"对话框，选择工作簿文件，如图 6-3 所示。

图 6-3　选择工作簿文件

单击"导入"按钮，打开"导航器"对话框，在左侧选择"员工信息"表，如图 6-4 所示。

图 6-4　选择"员工信息"表

单击"转换数据"按钮，打开"Power Query 编辑器"窗口，如图 6-5 所示。

图 6-5 "Power Query 编辑器"窗口

删除第一列"工号"（这一列对分析无用），如图 6-6 所示。

图 6-6 删除第一列"工号"后

执行"添加列"→"自定义列"命令，如图 6-7 所示。

打开"自定义列"对话框,输入"新列名"为"出生日期",输入下面的自定义列公式,如图 6-8 所示。

= Date.FromText(Text.Range([身份证号码],6,8))

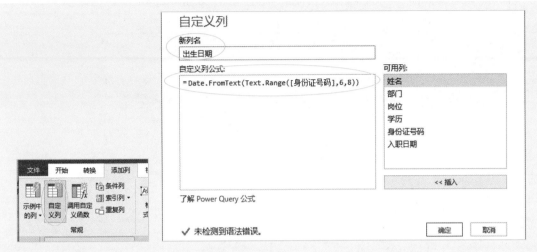

图 6-7 "自定义列"命令   图 6-8 添加自定义列"出生日期"

单击"确定"按钮,即可得到一个新列"出生日期",如图 6-9 所示,然后将该列数据类型设置为"日期"。

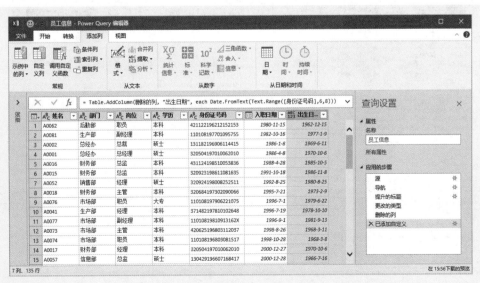

图 6-9 添加的自定义列"出生日期"

再执行"自定义列"命令，打开"自定义列"对话框，输入"新列名"为"性别"，输入下面的自定义列公式，如图 6-10 所示。

= if Number.IsEven(Number.FromText(Text.Range([身份证号码],16,1)))=true then " 女 "else" 男 "

图 6-10　添加自定义列"性别"

单击"确定"按钮，就得到一个新列"性别"，如图 6-11 所示，然后将该列的数据类型设置为"文本"。

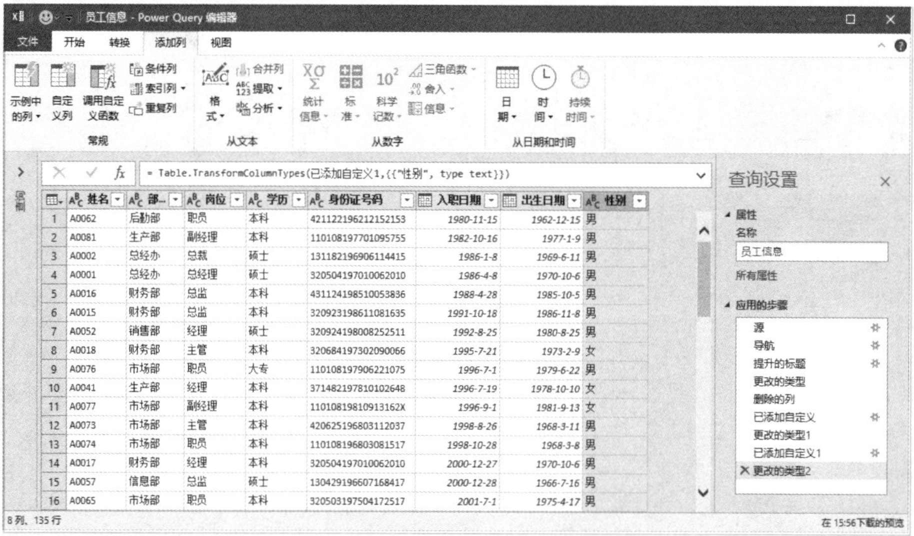

图 6-11　添加的自定义列"性别"

再执行"自定义列"命令，打开"自定义列"对话框，输入"新列名"为"年龄"，输入下面的自定义列公式，如图 6-12 所示。

=Number.RoundDown(Number.From((DateTime.Date(DateTime.LocalNow())-[出生日期])/365))

图 6-12　添加自定义列"年龄"

单击"确定"按钮，即可得到一个新列"年龄"，如图 6-13 所示，然后将该列的数据类型设置为"整数"。

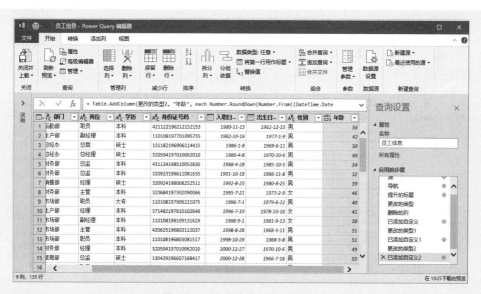

图 6-13　添加的自定义列"年龄"

再执行"自定义列"命令，打开"自定义列"对话框，输入"新列名"为"工龄"，输入下面的自定义列公式，如图 6-14 所示。

=Number.RoundDown(Number.From((DateTime.Date(DateTime.LocalNow())-[入职日期])/365))

图 6-14　添加自定义列"工龄"

单击"确定"按钮，就得到一个新列"工龄"，如图 6-15 所示，然后将该列的数据类型设置为"整数"。

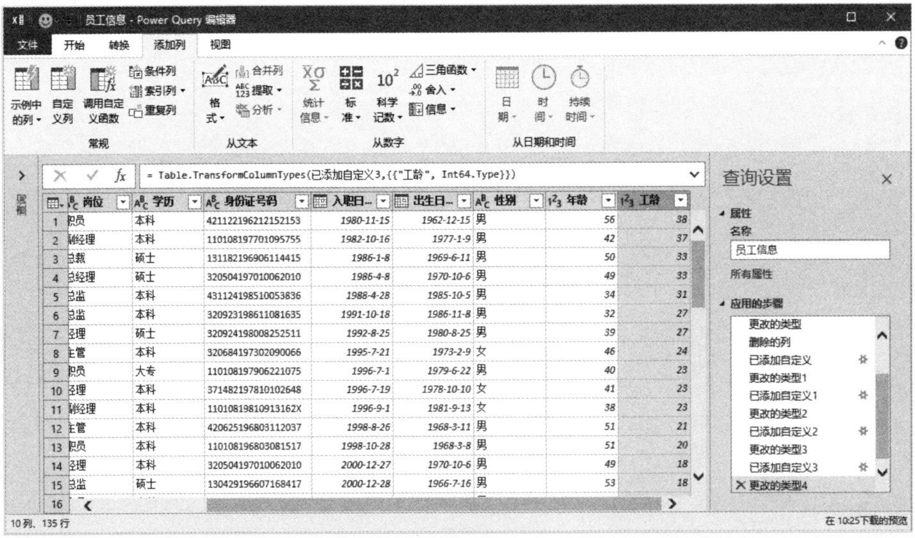

图 6-15　添加的自定义列"工龄"

选择"出生日期"列，执行"添加列"→"日期"→"年"→"年"命令，如图 6-16 所示。

图 6-16 "日期"→"年"→"年"命令

现在为表添加了一列"年"，如图 6-17 所示，然后将列标题改为"入职年份"。

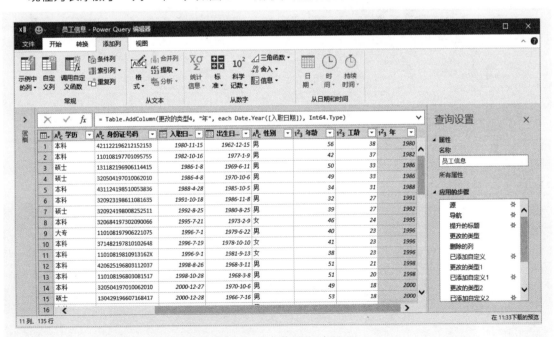

图 6-17 添加的新列"年"

选择"出生日期"列，执行"添加列"→"日期"→"月"→"月"命令，如图 6-18 所示。

图 6-18　"日期"→"月"→"月"命令

现在为表添加了一列"月份"，如图 6-19 所示，然后将列标题改为"入职月份"。

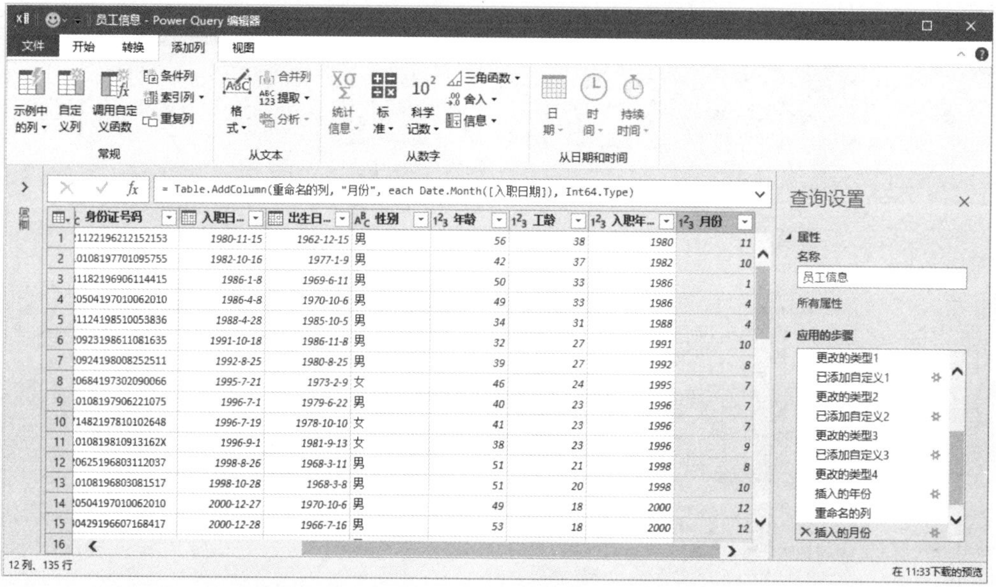

图 6-19　添加的新列"月份"

执行"开始"→"关闭并上载至"命令，如图 6-20 所示。

打开"导入数据"对话框，选中"数据透视表"单选按钮和"新工作表"单选按钮，如图 6-21 所示。

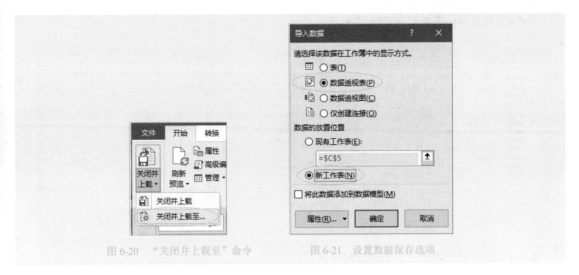

图 6-20　"关闭并上载至"命令　　　　图 6-21　设置数据保存选项

单击"确定"按钮，就得到了一个数据透视表，如图 6-22 所示。

图 6-22　创建的数据透视表

6.1.2　员工属性分析报告

对数据透视表进行布局，就可以从各个维度分析员工的人数构成了。

图 6-23 是各部门各学历的人数分布。

图 6-24 是各部门各年龄段的人数分布。

人数	学历					
部门	硕士	本科	大专	中专	高中	总计
总经办	2	7				9
人力资源部	1	9	1		1	12
财务部	6	9				15
销售部	6	12		2	3	23
技术部	7	12		1		20
贸易部	2	7				9
生产部	8	7	1			16
市场部		9	3		4	16
信息部	2	3				5
质检部	3	3				6
后勤部		2	1		1	4
总计	37	80	6	3	9	135

图 6-23　各部门各学历的人数分布

人数	年龄						
部门	30岁以下	31-35岁	36-40岁	41-45岁	46-50岁	51-55岁	56岁以上	总计
总经办	1	2	2		4			9
人力资源部		6	2	3		1		12
财务部	1	6	3	1	3	1		15
销售部	2	9	7	5				23
技术部	1	7	5	4	2	1		20
贸易部	1	1	3		4			9
生产部	2	5	3	5	1			16
市场部		4	5	1	2	4		16
信息部			1	3		1		5
质检部		4	1		1			6
后勤部		2		1			1	4
总计	8	46	32	23	17	8	1	135

图 6-24　各部门各年龄段的人数分布

图 6-25 是公司历年来的入职人数分布表。

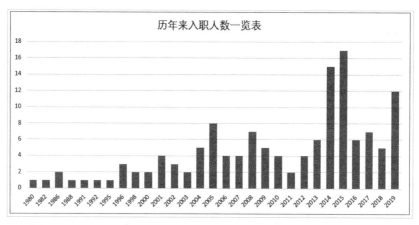

图 6-25　公司历年来入职人数一览表

6.2 | 人工成本分析建模

　　人工成本分析的基础表单是各月的工资表，而各月的工资表是按工作表保存的，在进行人工成本分析时，需要先解决各月工资数据汇总问题。

　　如果是各月工资表保存在同一个工作簿的各个月份工作表中，汇总的方法可以使用 INDIRECT 函数来解决。但是，如果各月工资表分别保存在不同的工作簿，使用函数解决将会比较麻烦，此时可以使用 Power Query 来解决。

6.2.1 基于当前工作簿各月工资表数据的模板

图 6-26 是保存在一个工作簿中的各个月份工资表，现在要建立一个人工成本跟踪分析模板，分析各部门在各个月的分工成本变化，以及变化的原因。

	工号	姓名	成本中心	基本工资	津贴	其他项目	加班工资	考勤扣款	应税所得	社保个人	公积金个人	计税基数	个税	实得工资	社保企业	公积金企业	人工成本
2	G031	A001	人力资源部	11000.00	814.00	1000.00	0.00	0.00	12814.00	997.60	635.00	11181.40	981.28	10200.12	3400.01	635.00	16849.01
3	G032	A002	人力资源部	4455.00	1524.63	1000.00	1675.86	0.00	8655.49	836.40	532.00	7287.09	273.71	7013.38	2850.60	532.00	12038.09
4	G033	A003	人力资源部	5918.00	737.00	1000.00	0.00	0.00	7655.00	1125.70	0.00	6529.30	197.93	6331.37	3836.90	0.00	11491.90
5	G034	A004	人力资源部	4367.00	521.00	1000.00	0.00	0.00	5888.00	563.80	359.00	4965.20	43.96	4921.24	1921.70	359.00	8168.70
6	G036	A006	人力资源部	5280.00	613.00	1000.00	0.00	0.00	6893.00	617.60	393.00	5882.40	133.24	5749.16	2104.90	393.00	9390.90
7	G037	A007	人力资源部	4422.00	1533.88	1000.00	369.66	222.00	7103.54	603.80	0.00	6499.74	217.17	6504.57	2058.20	0.00	9161.74
8	G038	A008	总经办	3586.00	1511.62	1000.00	299.77	0.00	6397.39	609.80	388.00	5399.59	84.96	5314.63	2078.10	388.00	8863.49
9	G039	A009	总经办	3663.00	787.00	1000.00	0.00	0.00	5450.00	482.30	0.00	4967.70	44.03	4923.67	1808.41	233.00	7491.41
10	G040	A010	总经办	4455.00	1547.79	1000.00	1117.24	366.00	7754.03	668.90	0.00	7085.13	290.11	7161.02	2507.90	654.00	10915.93
11	G041	A011	总经办	3520.00	1335.61	1000.00	1360.92	0.00	7216.53	583.30	371.00	6262.23	171.22	6091.01	1987.60	371.00	9575.13
12	G042	A012	总经办	7700.00	614.00	1000.00	0.00	0.00	9314.00	735.20	0.00	8578.80	460.76	8118.04	2756.70	654.00	12724.70
13	G043	A013	总经办	4730.00	1308.00	1000.00	395.40	0.00	7483.40	751.70	478.00	6253.70	170.37	6083.33	2562.20	478.00	10523.60
14	G044	A014	设备部	5280.00	1809.71	1000.00	165.52	113.00	8142.23	761.60	485.00	6895.63	222.20	6549.83	2595.70	485.00	11222.93
15	G045	A015	设备部	5922.40	440.00	1000.00	0.00	0.00	7362.40	551.60	351.00	6459.80	190.98	6268.82	1879.90	351.00	9593.30
16	G046	A016	设备部	3487.00	1383.41	1000.00	291.49	0.00	6161.90	600.50	382.00	5179.40	62.94	5116.46	2047.00	321.00	8529.90
17	G047	A017	设备部	3487.00	1359.98	1000.00	291.49	0.00	6138.47	539.00	0.00	5599.47	104.95	5494.52	2021.10	654.00	8813.57

1月 2月 3月 4月 5月 6月

图 6-26 各月工资表

首先，插入一个新工作表，重命名为"分析报告"。

执行"数据"→"获取数据"→"来自文件"→"从工作簿"命令，打开"导入数据"对话框，选择工作簿文件，单击"导入"按钮，打开"导航器"对话框，在左侧选择工作簿名称，如图 6-27 所示。

图 6-27 选择工作簿名称

单击"转换数据"按钮，打开"Power Query 编辑器"窗口，如图 6-28 所示。

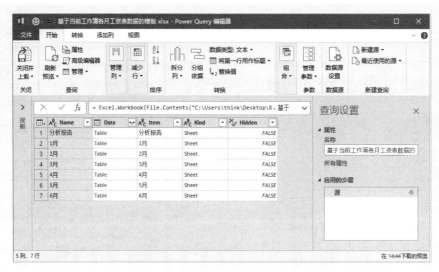

图 6-28 "Power Query 编辑器"窗口

在右侧的"查询设置"窗格中重命名查询名称为"工资汇总"，然后保留前两列，删除后三列，如图 6-29 所示。

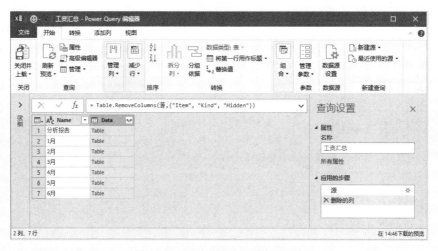

图 6-29 修改查询名称，删除后三列

从第一列中取消勾选"分析报告"复选框，如图 6-30 所示。

单击列"Data"右侧的展开按钮，取消勾选"使用原始列名作为前缀"复选框，如图 6-31 所示。

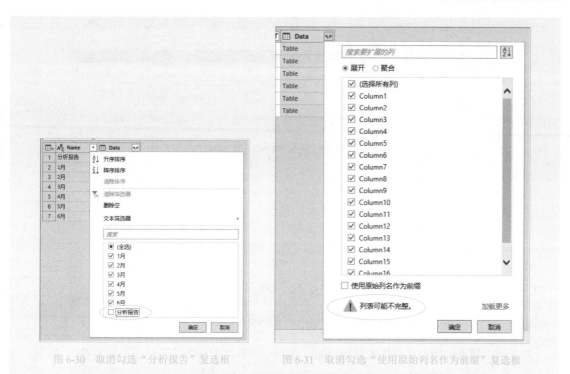

图 6-30 取消勾选"分析报告"复选框　　　　图 6-31 取消勾选"使用原始列名作为前缀"复选框

单击"确定"按钮，就得到了图 6-32 所示的表。

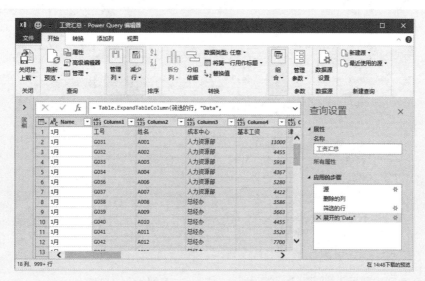

图 6-32 展开后的表

删除那些对人工成本分析没有用的列，然后修改标题，就得到图 6-33 所示的表。

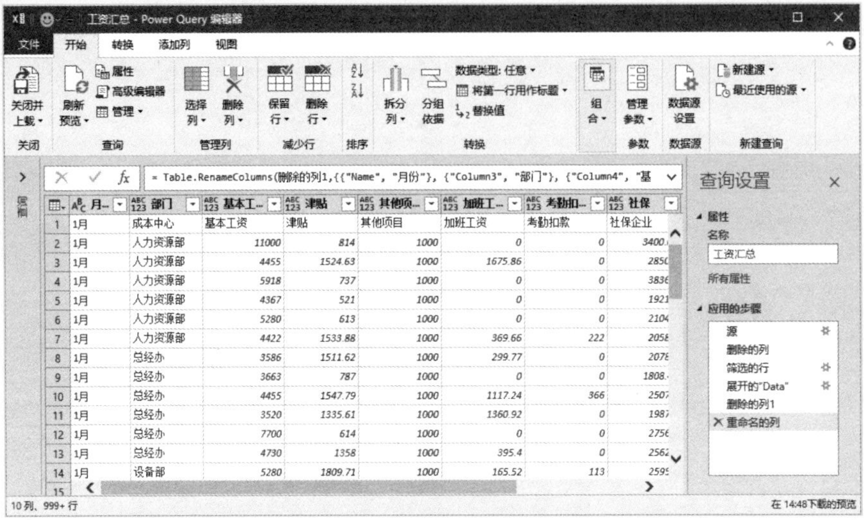

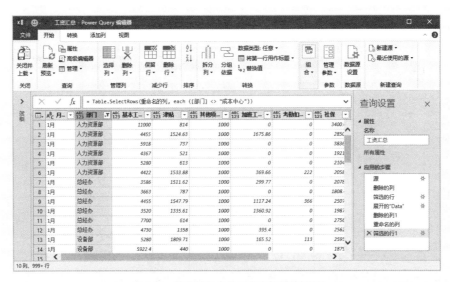

图 6-33 删除不必要的列，修改列标题

从某列中筛选掉每个工作表的原始标题，得到一个各月工资表的汇总表，如图 6-34 所示。

图 6-34 筛选掉各个月工资表的原始标题

将各个金额列的数据类型设置为"整数"，如图 6-35 所示。

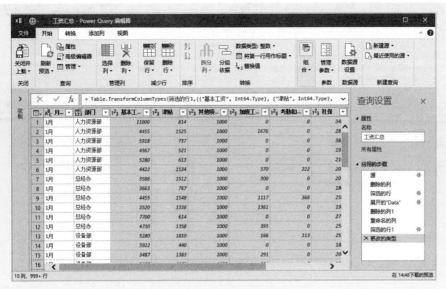

图 6-35 设置各列金额的数据类型为"整数"

执行"开始"→"关闭并上载至"命令,打开"导入数据"对话框,选中"数据透视表"单选按钮和"现有工作表"单选按钮,并指定单元格,如图 6-36 所示。

这样就得到了一个数据透视表,如图 6-37 所示。

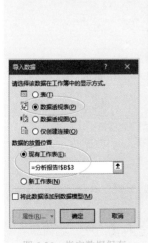

图 6-36 指定数据保存
方式和保存位置

图 6-37 各月工资表汇总的透视表

对透视表进行布局，插入选择部门的切片器，绘制透视图，就得到图 6-38 所示的跟踪指定部门各月人工成本的分析报告。

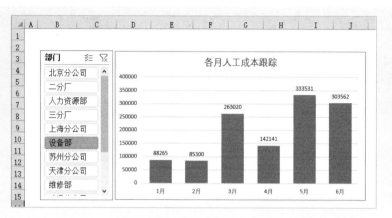

图 6-38　指定部门各月人工成本跟踪

当月份工作表增加后，只要刷新切片器，就可以得到最新的分析报告，如图 6-39 所示。

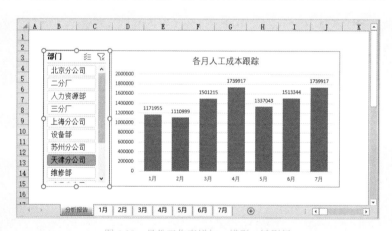

图 6-39　月份工作表增加，模型一键刷新

6.2.2　基于各月工资工作簿数据的模板

在更多情况下，每个月的工资表是分别保存为独立的工作簿的，在这种情况下，如何建立一个自动化并且可以随着工作簿增加而自动更新的分析报告模板？

图 6-40 就是保存在一个文件夹里的 6 个月工资工作簿，每个工作簿中只有一个工作表，保存

该月的工资数据，这些工作表的结构完全一样。现在的任务是建立一个能够自动汇总分析各月人工成本的模板。

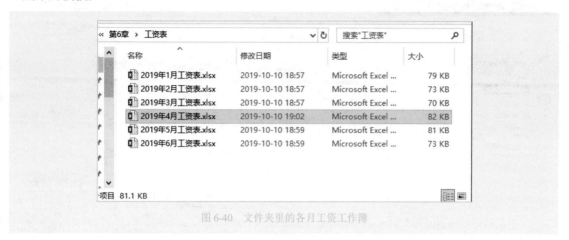

图 6-40 文件夹里的各月工资工作簿

新建一个工作簿，然后执行"数据"→"获取数据"→"来自文件"→"从文件夹"命令，如图 6-41 所示。

打开"文件夹"对话框，如图 6-42 所示。

图 6-41 执行"来自文件"→"从文件夹"命令　　　　图 6-42 "文件夹"对话框

单击"浏览"按钮，打开"浏览文件夹"对话框，选择要汇总工作簿的文件夹，如图 6-43 所示。

单击"确定"按钮，返回到"文件夹"对话框，如图 **6-44** 所示。

图 6-43 选择文件夹   图 6-44 选择文件夹

单击"确定"按钮，就打开了一个文件预览对话框，如图 **6-45** 所示。

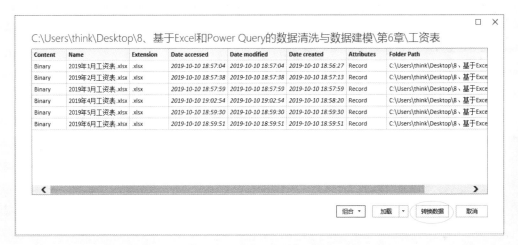

图 6-45 工作簿文件预览对话框

单击右下角的"转换数据"按钮，打开"Power Query 编辑器"窗口，如图 **6-46** 所示。保留前两列，删除后面的各列，如图 **6-47** 所示。

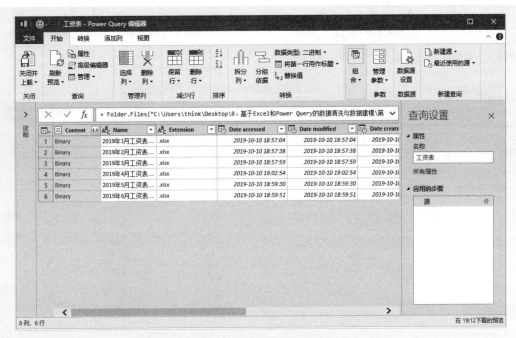

图 6-46 "Power Query 编辑器"窗口

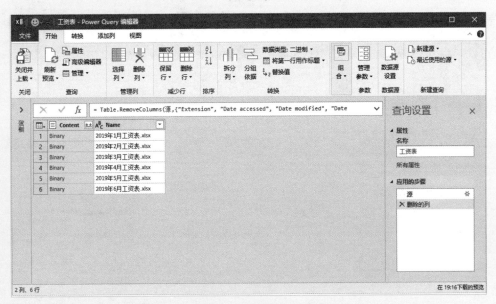

图 6-47 保留前两列,删除后面的各列

执行"添加列"→"自定义列"命令，打开"自定义列"对话框，保持默认的列名，输入下面的自定义列公式，如图 6-48 所示。

```
= Excel.Workbook([Content])
```

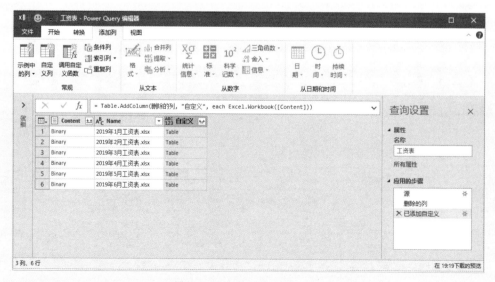

图 6-48　添加自定义列

单击"确定"按钮，就得到了一个新列"自定义"，如图 6-49 所示。

图 6-49　添加的新列"自定义"

单击"自定义"列标题右侧的展开按钮🔢，展开筛选窗口，勾选"Data"复选框，取消其他所有项的选择，如图 6-50 所示。

单击"确定"按钮，就得到图 6-51 所示的新列"Data"，各个工作簿数据就在这列中。

单击"Data"列标题右侧的展开按钮🔢，展开筛选窗口，保持选择所有项，取消勾选"使用原始列名作为前缀"复选框，如图 6-52 所示。

单击"确定"按钮，就得到了各个工作簿数据的汇总表，如图 6-53 所示。

保留要分析的数据列，删除不相关的各列，即可得到图 6-54 所示的表。

图 6-50　仅选择"Data"项

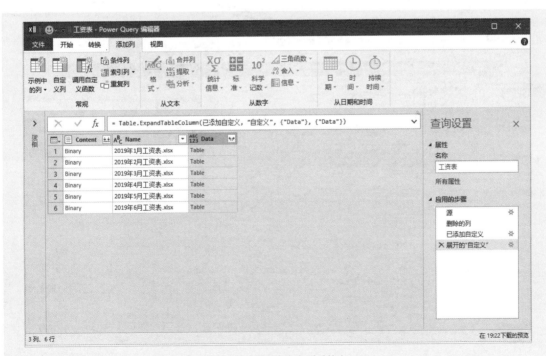

图 6-51　展开自定义列后的表

图 6-52　保持选择所有项，取消勾选"使用原始列名作为前缀"复选框

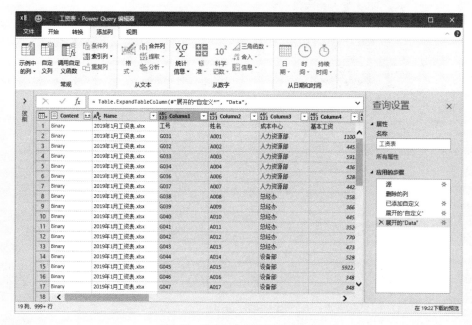

图 6-53　各个工作簿数据的汇总表

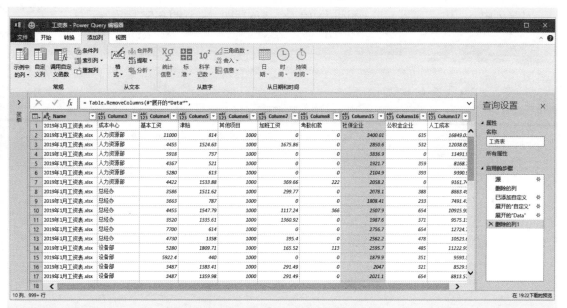

图 6-54 保留要分析的列，删除不相关的列

修改列标题为具体的名称，如图 6-55 所示。

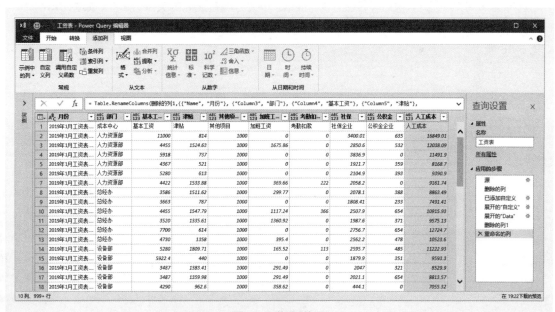

图 6-55 修改列标题

从某列中（例如"部门"列）筛选掉原始工作表的标题，得到图 6-56 所示的汇总表。

图 6-56　筛选掉原始工作表的标题

选择第一列"月份"，执行"转换"→"提取"→"分隔符之间的文本"命令，如图 6-57 所示。

打开"分隔符之间的文本"对话框，输入"开始分隔符"为"年"，"结束分隔符"为"工"，如图 6-58 所示。

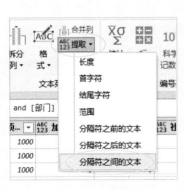

图 6-57　执行"提取"→"分隔符之间的
　　　　　文本"命令

分隔符之间的文本

输入标记要提取内容的开头和结尾的分隔符。

开始分隔符

年

结束分隔符

工

▷ 高级选项

确定　　取消

图 6-58　输入"开始分隔符"和"结束分隔符"

单击"确定"按钮，就得到了具体月份名称，如图 6-59 所示。

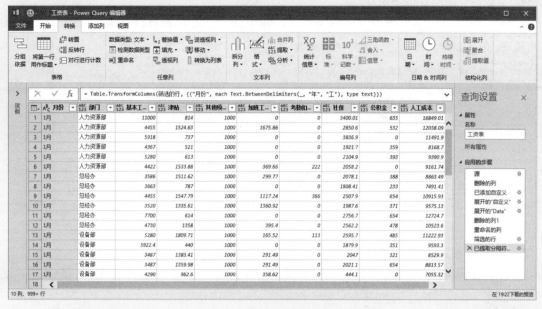

图 6-59 提取出的月份名称

最后，将查询结果加载为数据透视表，进行布局，就得到了需要的分析报告，如图 6-60 所示。

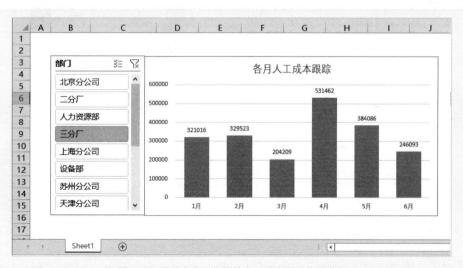

图 6-60 基于多个工作簿的人工成本跟踪分析报告

如果月份工资工作簿增加了，如图 6-61 所示，那么只要刷新透视表或者切片器，即可得到最新的分析报告，如图 6-62 所示。

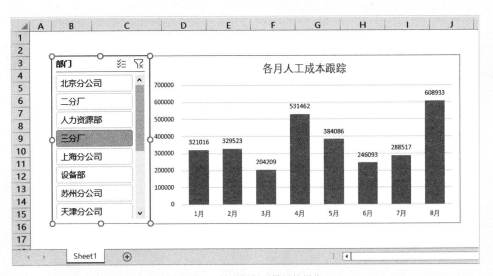

图 6-61　月份工资工作簿增加

图 6-62　一键刷新得到最新的报告